一家人的小食方丛书

喝妈妈配的花草茶
让好孩子身体棒

余瀛鳌 陈思燕◎编著

中国中医药出版社
·北京·

前言

中医药博大精深，源远流长，是中华民族无数先贤的智慧结晶，其中不仅包括治病救人之术，还蕴含修身养性之道，以及丰富的哲学思想和崇高的人文精神，在悠久的岁月里，默默守护着华夏一族的健康，为中华文明的繁荣昌盛立下了汗马功劳。

到了现代社会，科技发达，物质丰富，人类寿命普遍延长，但很多新型疾病也随之出现，给人们带来了巨大痛苦。虽然医疗技术不断创新，但疾病同样"与时俱进"，在现代医疗技术与疾病的长期"拉锯赛"中，越来越多的有识之士开始认识到——古老的中医药并没有过时，而且，在很多疑难杂症、慢性疾病的防治方面，有着不可替代的优势。

正因如此，一股学中医用中医的热潮正在世界范围内悄然兴起，很多外国朋友开始尝试用中医治病，其中不乏一些知名人士。例如在2016年里约奥运会上获得游泳金牌的天才选手菲尔普斯，就曾顶着一身拔罐后留下的痕迹参赛，着实为中医免费代言了一把。在国内，中医药的简、便、廉、验，毒副作用小，也收获了大量忠实爱好者，他们极其渴望获得大量的中医药科普知识，但是，中医药知识深奥难懂，传承普及都不容易，这一现象也造成了此领域鱼龙混杂，给广大人民群众带来了一些伤害。

鉴于此，国家中医药管理局成立了"国家中医药管理局中医药文化建设与科学普及专家委员会"，其办公室设在中国中医药出版社。其成立目的就是整合中医药科普专家力量，深度挖掘中医药文化资源，创作一系列科学、权威、准确又贴近生活的中医药科普作品，满足人民群众日益增长的中医药文化科普需求。

在委员会的指导下，我们出版了《一家人的小药方》系列丛书，市场反响热烈。如今，我们再度集结力量，出版《一家人的小食方》系列丛书。两套丛书异曲同工，遥相呼应，旨在将优秀的中医药文化传播给大众。书中选择的大都是一些简单有效、药食两用的食疗小方，很适合普通人在家自己制作；这些药膳小方有些来源于中医古籍，有些来源于民间传承，都经过了长时间的检验，安全可靠。在筛选这些药膳方子时，我们也针对现代人的体质特点和生存环境，尽量选取最能解决人们常见健康问题的方子，并且按照不同特点，分别编成8本书，以适合不同需求的人群。

为了更加直观地向人们展示这些药膳，我们摄制了大量精美图片，辅以详细的制作方法、服用注意事项。全书图文并茂，条理分明，让人们轻轻松松就能做出各种营养丰富、防病强身的药膳，只要合理搭配，长期食用，相信对大家的身心健康、家庭和睦都有巨大的帮助。

为了确保书中所载知识的正确性，我们特别邀请中医药专家余瀛鳌教授领衔编写本套丛书。余教授为中国中医科学院资深教授，曾任医史文献研究所所长，长期从事古籍整理，民间偏方、验方的搜集整理工作，有着极其深厚的学术功底，为本丛书提供了相当权威、可靠的指导。在此，我们对余教授特别致谢。

在本丛书即将出版之际，我在此对所有为本丛书编写提供指导的专家表示深深的感谢，对为本丛书出版辛苦工作的众多人员致以真切的谢意。最后，还要感谢与本丛书有缘的每一位读者。

祝愿大家永远健康快乐！

中国中医药出版社社长、总编辑 范吉平

2017年8月8日

目 录

爱心妈妈的花草经

四季养护篇

叁

防病抗病篇

肆
调养脾胃篇

青春养成篇

陆 轻松备考篇

壹

爱心妈妈的花草经

花草茶，天然的良药

花草茶的饮用历史悠久，保健效果颇佳，是防病治病的天然良药，且种类繁多，老少皆宜，喝起来优雅悦心，唇齿留香，是时尚又健康的生活标志。现在，我们就先来一起认识一下花草茶，走进这个花样的世界!

什么是花草茶

我们习惯把由天然芳香花草植物泡制而成、具有一定保健价值的花草类饮品，统称为"花草茶"。花草茶虽然被称为"茶"，但一般不含茶叶成分，或不以茶叶为主材，并不是真正意义上的茶，只是像茶那样泡制和饮用，因此得"茶"之名。

从历史上讲

不论东方还是西方，人们都是从治病的角度开始认识花草的。

两河流域的人们很早就开始使用茴香、百里香。阿拉伯人和印度人把香草植物用于除病祛邪。古希腊的西方医学之父希波克拉底曾在处方中写到"饮用药草煮出来的汁液"，可以看作是西方最早将花草茶药用。之后，欧洲人常用花草茶来预防瘟疫，治疗头痛、感冒等疾病，此后花草茶逐渐成了健康生活的标志。

在我国，花草是中草药的重要组成部分。历代的本草经典书籍中都大量记载了各类花草的药用功效，并详细说明其使用部位、性状、用法、用量、配方等，充分体现了花草防病、治病的保健效果。

从成分、功效上讲

花草茶一般富含芳香油（挥发油）类、单宁、苦味素、类黄酮、配糖体及矿物质、维生素等成分，普遍具有轻盈、发散的特点，有助于发汗解表、祛风散热、消除积滞、理气活血，对缓解炎症、头痛、紧张、烦闷、燥热、气滞、抑郁、感冒、食积、便秘等身体不适都有很大的帮助。不少花类对调理女性月经以及美容、瘦身也有一定的作用，非常适合青春期的少女。花草茶含有的芳香物质较多，较清香甘甜，相对于一般药茶，更易被人们接受。

从植物部位上讲

花草茶并不局限于植物的花朵和嫩草，而是包括植物的根、茎、叶、花、枝、果实、种或皮等部分。

不同部位有不同的保健效果。一般来讲，根茎的疏通作用强，花草的发散效果好，果实、种仁则有一定的补益功效。

从植物品种上讲

花草茶的种类繁多。既有我国传统的花草，如菊花、茉莉花、玫瑰花、白梅花、薄荷、金银花、野菊花、百合花、荷叶等，也有来自欧洲的传统花草，如迷迭香、薰衣草、洋甘菊、柠檬草、金盏花、百里香等。如果扩展到根茎、果实、种子等，可选的品种就更丰富了。

给孩子喝花草茶的5个理由

治疗轻症，颇为有效

花草茶对一些轻症疾病有治疗作用，功效虽比不上药物，但比较温和，副作用小，更适用于保健、调理，缓解轻度的身体不适。疾病初起时若能合理饮用，还能起到及时治疗的作用，避免小病变大病。

提高免疫，预防疾病

花草茶有预防疾病、祛邪强身的效果，尤其在感冒等疫病流行的季节，以及雾霾、暑湿发生时，想让孩子身体不受病邪侵袭，花草茶可起到增强免疫力的作用，是一个不错的选择。

味道香甜，孩子易于接受

花草茶闻起来清香怡人，喝起来回味甘甜，看起来也优雅美丽，孩子们易于接受，乐于饮用。爱喝才能常喝，而且常喝才能起到一定的保健效果。

取材方便，制作简单快捷

花草茶的原材料多为药食两用材料，日常容易买到。在制作上，像泡茶一样简单冲泡即可，非常快捷方便。个别品种需要煎煮，也比煎煮药材省时、省力得多。

随身携带，饮用时间不拘

孩子不论是上学还是外出游玩，带上一瓶花草茶，可多次冲泡，随时饮用，不受时间、场所的限制，日常保健的效果温和而又持久。

如何选购花草茶

鲜薄荷

鲜品还是干品

花草茶有鲜品、干制品之分，均可选用。应季、本地产的鲜品，其芳香成分等有效物质保存较多，是非常好的选择。但由于植物有不同的花期、果期，鲜品也不易储藏，因此，鲜品受时间和地域的限制较大。干制品则是经过干燥或炮制而成的，具有耐储存、取用方便、安全性高等特点，是稳妥的选择。

干薄荷

在哪里购买

市场上的花草茶种类繁多，质量、价格有所区别。为了保证质量，应到正规商店购买。中式传统的花草茶，部分在超市或茶叶柜台有售，也可以在中药房买到。西式花草茶则在茶叶柜台及西式调料柜台可买到。

现在网络购物比较发达，在网上购买花草茶原料，特别是干制品非常方便，但要注意产地、包装、价格、评价等，小心买到掺假或劣质品，选择有质量保证的卖家是关键。

怎么判断品质好坏

给孩子喝的东西，最重要的就是安全，学会选择优质的花草茶是妈妈们的必修课。判断花草茶品质的好坏要做到以下几步。

一看
品质好的花草茶外形应完整、饱满，大小均匀，无破损和病虫害，色泽纯正，有自然光泽，无退色或人工染色现象，颜色太过鲜艳的要小心。

二闻
优质的花草茶应散出自然的清香，劣质的则香气很淡，或有异味，甚至有硫黄熏制过的味道或用香精泡过的浓烈异香，长期饮用十分有害。

三揉
拈取少许花草茶搓揉，观察其干松程度，凡是绵软、干瘪、色灰、发霉、杂质多的，即为劣质品。

四冲
优质花草茶用开水冲泡后，花草舒展，完整不烂，茶汤清澈透亮，且颜色不会很深。

五尝
口感清新甘甜的为优品，口感酸、涩、苦或有异味的为劣品。

如何储存花草茶

花草茶因其自身营养丰富、芳香扑鼻，容易被虫蛀，而且容易受潮发霉，因此购买后的花草茶应合理贮藏。

花草茶的保质期

花草茶的保质期一般为2年，保鲜期为1年。保存时间过长会使香气尽失，原有的保健作用也会削弱，一般来说，花草茶存放不宜超过2年。

花草茶需要放在冰箱里吗？

花草茶应储放在阴凉的地方，常温保存，没有必要特别放在冰箱里，否则取用的时候会因温差而易凝结水气引起潮湿。若花草茶数量不多，不会反复取用，也可以装在保鲜袋中冷藏。

花草茶的储存条件

密封保存

花草茶包装要密封，防止香味散发。可以用带盖的器皿，也可以用保鲜袋封口保存。

阴凉干燥

应放置于阴凉干燥的地方，注意防潮、防晒、防虫。避免阳光直射，防止光线、湿气、高温造成花草茶变质、变色或发霉。

分别存放

花草茶不要混合存放，不同品种应小袋分装，以免香气混杂，品质降低。

花草茶怎样选择

很多人认为，孩子不适合喝任何茶饮，其实，只要根据年龄、体质、季节等因素，选择适当的花草茶，对健康是有益无害的，聪明妈妈一定要学会选择。

花草茶最适合哪些孩子

免疫力差、容易感冒的孩子

儿童的免疫功能尚未发育完善，特别容易受风、热、寒、署、湿、燥等外邪侵袭而致病，不少孩子经常出现感冒、头痛、发热、咳嗽、皮肤湿疹、过敏等症状。花草茶对于祛邪解表、增强免疫力有良好的效果，非常适合这些孩子们常饮。

脾胃不和、消化不良的孩子

儿童的脾胃比较娇弱，脾胃不和，消化不良，腹胀、厌食、吐泻、便秘等问题都相当常见，造成营养不良、身体瘦弱或虚胖，进而影响成长发育。不少花草茶对消积理气、促进消化有良效，尤其适合脾胃功能不佳的孩子调养身体。

青春期的孩子

孩子到了十三四岁，进入青春发育期，内分泌的变化往往也伴随着生理、心理的变化，如何调护这个时期的身心健康，花草茶可以帮忙。

💜 花草茶只适用于保健和轻症疾病，对于病证较重者，一定要去医院接受专业治疗，饮用花草茶只能起到药物之外的辅助效果。

根据年龄选择花草茶

3岁以下 一般3岁以下的宝宝不适合饮用花草茶，还是饮用白开水最好，但可以适当饮用以干鲜果品为原料的花草茶。

3~6岁 3~6岁为幼儿期，也不宜多饮花草茶，但在有脾胃不和、吐泻、食积、感冒、发热、咳嗽等身体不适时，可对症适量饮用。

6~12岁 6~12岁的小学生，父母可根据个人体质选择部分花草茶，以增强防病抗病的能力，尤其适合预防表邪类疾病和传染性疾病。

13~18岁 13~18岁的中学生适合饮用大部分花草茶，对改善青春期的不良情绪、消除学习繁忙时的紧张头痛、缓解青春痘、调理月经、排毒瘦身等十分有益。

♥ 花草的用量可根据孩子的年龄以及症状的轻重调整，也要观察孩子饮用后的反应。如饮用后出现腹泻，就要减少用量或停止饮用。

♥ 花草茶相对药材来说是比较温和安全的，但毕竟也是属于草药的一种，不能随意饮用。花草茶不宜长期、大量饮用。简单来说，就是"需要的时候才喝，不能天天无限制地喝"。过量饮用花草茶反而不利于健康，特别是对身体发育尚未完全的孩子来说，尤其要注意这一点。

♥ 有些花草不适合太小的孩子饮用，如玫瑰花、月季花等活血作用较强，12岁以下的孩子，尤其是还没有来月经的女孩并不适合饮用。

根据季节选择花草茶

在选择花草茶时，季节的因素非常重要。由于不同季节有不同的气候特点，也因此容易诱发不同的疾病，如能随季节变换，喝应季的花草茶，可以起到预防疾病的保健作用。

春季一般饮用以鲜花、嫩叶为主的花草茶，能散发出冬季郁积于人体内的寒气，解表祛邪，预防流感、风疹等。

夏季宜选择以植物根茎和叶子为主的花草茶，有清热解暑、提神清心、生津止渴的效果，可缓解暑热头痛、心神烦闷、食欲不振、湿毒疮疹、上火发炎等症状。

秋季适合饮用以多汁果实为主的花草茶，能起到预防秋燥、润肺止咳、养护脾胃、补益身心的作用。

冬季宜选择以温热、收涩的干果及种仁类为主的花草茶，可增强补益效果，提高人体御寒能力，使体魄更强健。

❤ 在我国，闽南、两广、云贵等地比较湿热，花草茶的饮用更为普遍，孩子们很小就开始喝多种药草配制的凉茶，这是由地域差异、气候差异决定的。这些地方四季的区分不明显，不必严格按此四季来划分和对照。

❤ 北方的冬季寒冷又漫长，且雾霾天比较多，保护呼吸道、提高免疫力是额外的需要，北方孩子的父母可特别关注本书中的抗雾霾花草茶。

根据体质选择花草茶

体质有不同的分类方法，比较简单的方法是根据寒、热来划分。仔细观察孩子的体温、面色、饭量、饮水、大小便、性格等状况，就能大致判断出寒、热体质。如果出现两种体质表现兼有的情况时，要以表现较多、较常见的一方为主。

热性体质

热性体质的孩子经常有以下表现：

☐ 经常身体发热，手足心热，易患各类炎症

☐ 经常上火，咽肿，口臭，口舌生疮

☐ 皮肤易生湿疹、痤疮、疖肿

☐ 颜面潮红，怕热，易出汗

☐ 眼睛充血，口干舌燥，舌苔厚而黄

☐ 喜欢喝冷饮，吃冷食

☐ 脾气急躁，容易发火，心烦易怒

☐ 容易兴奋紧张，脉搏强而有力

☐ 容易便秘或大便干燥，尿少而黄

☐ 女孩来月经后，经期常提前

热性体质的孩子身体代谢比较旺盛，除了多喝水外，也可适当饮用花草茶。

宜选择偏于寒凉、有发散风热、清热解毒、清心泻火等功效的花草，如薄荷、金银花、菊花、桑叶、野菊花、蒲公英、荷叶、枇杷叶、淡竹叶、百合等材料。

应避免选择温热的材料。

❤ 中医认为小儿乃纯阳之体，循环代谢旺盛，产生热能快，体质一般偏热性，因此有"小儿身上三把火"之说，再加上中国的父母爱捂着孩子，穿得多、吃得多，热上加热，这样的孩子体质容易偏热，更适合散热解表的花草茶。

❤ 但也有一些体质较弱的孩子先天就偏寒，纯花草就不太适合，应以果实、种仁类温和滋补材料为主，以免伤及脾胃。

寒性体质

寒性体质者经常有以下表现：

☐ 抵抗力差，容易感到疲倦乏力，
　易生病

☐ 体温较低，怕冷，手脚发凉

☐ 脾胃功能较弱，经常消化不良

☐ 脸色苍白，嘴唇及指甲少血色

☐ 不易口渴，舌苔较厚

☐ 喜欢喝热饮，吃热食

☐ 性格偏安静内向，行动偏慢

☐ 有贫血倾向，脉搏偏细弱

☐ 容易腹泻，尿多而色淡

☐ 发育迟缓，女孩来月经晚，经期
　常推后

寒性体质的孩子身体代谢较缓慢，体内阳气不足，需要饮用温性或热性的材料，来去除寒气，补充热量，温暖脾胃。

泡茶材料宜选择茴香、姜、大枣、莲子、核桃仁等，最好搭配牛奶、红糖、红茶等，可以起到补益阳气、散寒暖身、增强活力、促进代谢的作用。

应避免选择寒凉的材料。

花草茶的冲泡法

花草茶的调制与冲泡相对简单方便，这里除了教大家在家里随时制作的方法外，还教大家预先制作保健小茶包的实用方法，孩子早早出门上学时也就不会手忙脚乱，让他（她）带着妈妈的爱心出门吧！

直接冲泡法

选择茶具

冲泡花草茶的茶具最好比较宽大，使花草有充分舒展的空间，也便于多次冲泡时能注入足够量的水。透明的玻璃壶或玻璃杯是展示花草艳丽的最佳工具。茶具一定要有盖，盖闷冲泡时才能保持水温，并把香气留住。

从质地上讲，玻璃杯和陶瓷杯均可，而塑料、聚酯材质的杯子会影响气味及口感，安全性也不是最佳。

适合的品种

直接冲泡法适用于大多数花草茶的冲泡，尤其适用以鲜花和嫩叶为主料的花草，如菊花、薄荷、薰衣草等，因为这类材料质地娇嫩轻薄，不耐久煮，香气易挥发，煎煮过久会降低其保健功效，直接冲泡法是最佳选择。

原料的用量

如果是新鲜花草，用量应为干制原料的2倍，才能起到相应的效果。

冲泡步骤

1 将材料置于带盖的茶壶或茶杯内。

2 冲入足量的开水，使花草充分舒展，释放出其特有的芳香。

3 盖上盖，闷泡5~15分钟后即可饮用。

榨汁法

适合的品种

　　榨汁法适用于鲜果类的材料，如在花草茶中添加苹果、梨、猕猴桃、番茄、莲藕、萝卜等材料时，可以先将这些材料榨汁，再与其他花草搭配饮用。

榨汁步骤

1 选择高品质的鲜果，彻底洗净，去皮、核及籽，将果肉切成小块。

2 将切好的材料放入榨汁机中。

3 加入适量白开水（根据想要的浓稠程度来掌握加水量）。

4 打开搅拌机开关，根据需要搅打成不同浓稠程度的汁糊。

5 经滤网过滤渣子后，取清汁饮用。

锅煮法

适合的品种

一般以植物的根、茎、皮、果仁等坚韧部分为原料时，多用锅煮法，如干大枣、核桃仁等。这样可以使有药效的物质充分溶出，使疗效更加明显。

还有部分寒凉材料经锅煮后可以减其寒性，使其适用性更广，脾胃虚寒的孩子也可以喝。如梨、藕等，煮水后饮用和榨汁生饮，效果是不一样的。

锅的选择

煮锅可以选择不锈钢、陶瓷或玻璃等材质的，但不宜选用铁锅或铝锅，以免发生化学反应，影响材料功效的发挥。

锅煮步骤

1 先在锅中倒入适量水，大火煮沸。

3 煮至原材料舒展，汤汁颜色变深，其特有的味道散发出来即可。

2 放入待煮的材料（尽量切小块），转小火。

4 关火倒出，过滤取汁，再与其他材料搭配饮用。

花草茶的搭配秘诀

搭配茶叶

一般来说，6岁以上的孩子可以开始喝真正的茶了，花草茶也常常与各类茶叶搭配饮用。

绿茶：不发酵茶（如龙井茶），偏寒凉，清热解毒效果好，适合热性体质、上火发炎的孩子。

红茶：全发酵茶（如普洱茶），偏温性，可暖胃驱寒，脾胃虚寒、消化不良的孩子可适当饮用。红茶也经常与牛奶、糖、生姜、大枣等搭配，可增加其暖身效果。

乌龙茶：半发酵茶（如铁观音），性质平和，适用人群较广，适合想要瘦身或提神醒脑的青少年。

搭配调味品

对于味道较苦涩的花草，可加一些天然调味品来改善口感。但不宜加得太多，以免破坏花草茶原本的清香。

白糖：孩子都喜欢甜味，适当添加白糖是改善口感的捷径。

红糖：比较温热，有活血止痛的作用，如遇虚寒腹痛、月经不调时可常用。

冰糖：本身具有化痰止咳的功效，又能增加清甜的味道。

蜂蜜：是润燥通肠的佳品，适合燥咳、便秘的孩子，且能化解苦涩，人人喜爱。但1岁以下的婴幼儿不宜食用蜂蜜。

柠檬：孩子们都喜欢这种淡淡的酸味，加上特有的果香，改善口味效果好。

牛奶：既能添加润滑的口感和奶香，又能增加营养。

♥ 有些孩子喝鲜牛奶会感到腹胀不适，尤其是婴幼儿，这是由于体内消化乳糖的酶不足，随着年龄增长会有所好转。

♥ 6岁以下的孩子可用奶粉代替鲜牛奶。

自制上学小茶包

孩子每天上学起得很早，妈妈忙活早饭还来不及，哪有时间去精心准备泡茶材料呢！如果能提前制作出一些搭配好的小茶包，早上取一包放入水杯中，冲上热水就可完成，或者让孩子携带茶包去学校再冲水，这样就简单多了。

此外，花草茶的材料一般比较细碎、轻浮，如果直接冲泡，材料浮在水面，没有滤网的话，饮用起来相当不便。做成茶包就比较好。

2 将茶包封好口。每次可以多做一些，制作数量按需而定。

3 也可将所有材料一起研成粗末状，充分混匀后，分成几份，分别装入小茶包中。

制作茶包步骤

1 准备一些干净的小茶包（一般在超市有售，也可网上购买），将各种材料按一定比例搭配好，装入茶包中。

4 将做好的茶包放入干净、可密封的容器内，置于阴凉干燥处保存。

花草茶常用材料速查表

这些速查表帮助家长了解花草茶常用材料的属性、功效、宜忌等知识。选对材料、对症使用才能得到好的保健效果，聪明妈妈在给孩子选择花草茶时一定要做到心中有数。

花

图鉴	名称	性味归经	功效	主治	禁忌
	菊花	味辛、甘、苦，性微寒，归肺、肝经	疏散风热，清肝明目，清热解毒	风热感冒，温病初起，肝阳上亢，头痛目赤，疮痈肿毒	脾胃虚寒、易腹泻者不宜饮用
	野菊花	味苦、辛，性微寒，归肝、心经	清热解毒，消痈止痛，专治毒火内盛	痤疮，口疮，风火牙痛，咽喉肿痛，目赤肿痛，湿疹，风疹，皮炎，过敏	脾胃虚寒、腹泻者慎用，幼儿不宜饮用
	玫瑰花	味甘、微苦，性温，归肝、脾经	疏肝解郁，活血止痛	肝郁气滞，肝胃气痛，月经不调，心情郁闷	活血品，未到青春期的女孩不宜饮用
	茉莉花	味辛、甘，性温，归脾、胃、肝经	平肝解郁，理气止痛，和中辟秽	郁闷不畅，头脑昏沉，紧张头痛，目赤，疮毒发作，下痢腹痛，脾胃不和	气虚者不宜多饮
	白梅花（绿萼梅）	味微酸、涩，性平，归肝、胃经	疏肝，和中，理气	肝胃气滞，脘腹胀痛，食欲不振，咽喉不爽，心情郁闷	气虚及无气滞症状者不宜饮用
	百合花	味甘、微苦，性微寒，归肺经	润肺，清火，安神宁心	肺火、肺燥咳嗽，眩晕，夜寐不安，小儿天疱湿疮	肺有风邪者忌用
	月季花	味甘、淡、微苦，性温，归肝经	活血调经，疏肝解郁，理气止痛，消肿解毒	肝气不调、气滞血瘀所致的月经不调、痛经、闭经	脾胃虚寒、便溏、腹泻者慎用，未到青春期的女孩不宜饮用
	金银花	味甘，性寒，归肺、心、胃经	清热解毒，散痈消肿	风热感冒初起，咽喉肿痛，皮肤过敏，痤疮、疖肿、癣疹	脾胃虚寒者不宜饮用
	代代花	味辛、甘、微苦，性平，归肝、胃经	疏肝解郁，理气宽胸，和胃止呕	胸中痞闷，脘腹胀痛，恶心呕吐，不思饮食，食积不化，精神紧张	未到青春期的女孩不宜饮用

花

图鉴	名称	性味归经	功效	主治	禁忌
	金盏花（金盏菊）	味淡，性平，归肝、大肠经	凉血，止血，消炎抗菌，镇静降压，改善食欲和睡眠	精神紧张，各种炎症及溃疡，食欲不振，睡眠不佳	脾胃虚寒者不宜饮用
	款冬花	味辛、微苦，性温，归肺经	润肺下气，止咳化痰	各类寒热咳嗽、哮喘，急、慢性支气管炎	阴虚者不宜饮用
	合欢花	味甘，性平，归心、肝经	安神解郁，疏肝理气，清心明目	胸闷不畅，情绪忧郁，虚烦不安，失眠多梦	阴虚津伤者慎用
	辛夷（玉兰花）	味辛，性温，归肺、胃经	发散风寒，通鼻窍	风寒感冒，恶寒发热，头痛鼻塞，鼻炎	阴虚火旺者忌服
	桂花	味辛，性温，归肺、大肠经	散寒破结，化痰止咳，生津，辟臭	风虫牙痛，口臭，痰饮喘咳，经闭腹痛，肠风血痢	体质偏热、火热内盛者不宜多饮
	洋甘菊	味微苦、甘香，性凉，归肝、肾、肺经	退肝火，降血压，祛痰止咳，镇定精神，抒缓情绪	紧张焦虑，失眠头痛，牙痛，肌肉酸痛，胃痛，胀气，呕吐，咳喘，过敏	脾胃虚寒者不宜饮用
	洛神花（玫瑰茄）	味酸，性凉，归肾经	敛肺止咳，降血压，助消化，利尿，消水肿	肺虚咳嗽，感冒咽痛，咽喉炎，高血压，水肿，便秘	胃酸过多、小便多者不宜多用饮

❤ 一般花都是取用将开未开的花蕾干燥而成（除菊花外）的，已经完全开放的花朵，其发散作用和芳香成分都有所减弱，不是最佳选择。

❤ 最好不要自己摘鲜花使用，未经干燥加工的鲜花含有大量花粉物质，且在不知道农药使用及是否有病虫害的情况下，直接给孩子泡水喝不是很安全，还是去购买加工过的干花更放心。

草

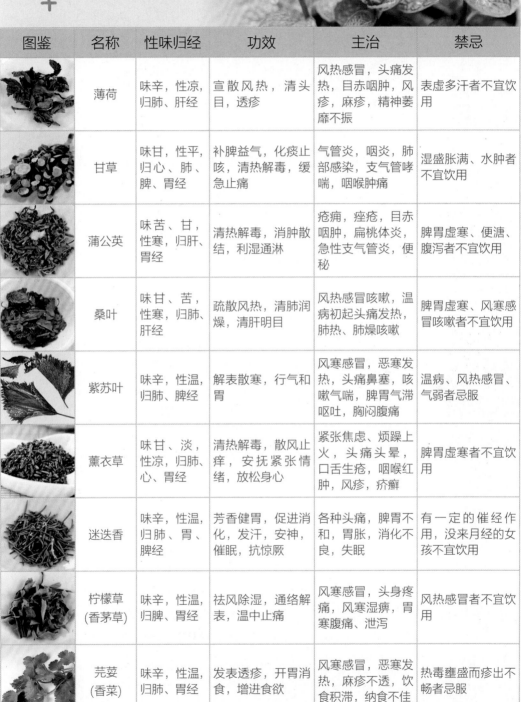

图鉴	名称	性味归经	功效	主治	禁忌
	薄荷	味辛，性凉，归肺、肝经	宣散风热，清头目，透疹	风热感冒，头痛发热，目赤咽肿，风疹，麻疹，精神萎靡不振	表虚多汗者不宜饮用
	甘草	味甘，性平，归心、肺、脾、胃经	补脾益气，化痰止咳，清热解毒，缓急止痛	气管炎，咽炎，肺部感染，支气管哮喘，咽喉肿痛	湿盛胀满、水肿者不宜饮用
	蒲公英	味苦、甘，性寒，归肝、胃经	清热解毒，消肿散结，利湿通淋	疮痈，痤疮，目赤咽肿，扁桃体炎，急性支气管炎，便秘	脾胃虚寒、便溏腹泻者不宜饮用
	桑叶	味甘、苦，性寒，归肺、肝经	疏散风热，清肺润燥，清肝明目	风热感冒咳嗽，温病初起头痛发热，肺热、肺燥咳嗽	脾胃虚寒、风寒感冒咳嗽者不宜饮用
	紫苏叶	味辛，性温，归肺、脾经	解表散寒，行气和胃	风寒感冒，恶寒发热，头痛鼻塞，咳嗽气喘，脾胃气滞呕吐，胸闷腹痛	温病、风热感冒、气弱者忌服
	薰衣草	味甘、淡，性凉，归肺、心、胃经	清热解毒，散风止痒，安抚紧张情绪，放松身心	紧张焦虑、烦躁上火，头痛头晕，口舌生疮，咽喉红肿，风疹，疥癣	脾胃虚寒者不宜饮用
	迷迭香	味辛，性温，归肺、胃、脾经	芳香健胃，促进消化，发汗，安神，催眠，抗惊厥	各种头痛，脾胃不和，胃胀，消化不良，失眠	有一定的催经作用，没来月经的女孩不宜饮用
	柠檬草(香茅草)	味辛，性温，归脾、胃经	祛风除湿，通络解表，温中止痛	风寒感冒，头身疼痛，风寒湿痹，胃寒腹痛、泄泻	风热感冒者不宜饮用
	芫荽(香菜)	味辛，性温，归肺、胃经	发表透疹，开胃消食，增进食欲	风寒感冒，恶寒发热，麻疹不透，饮食积滞，纳食不佳	热毒壅盛而疹出不畅者忌服

草

图鉴	名称	性味归经	功效	主治	禁忌
	马齿苋	味酸，性寒，归胃、大肠经	清热解毒，凉血止血，止痢	热毒火盛所致湿疹、痤疮、疔肿、细菌性痢疾、急性肠胃炎	脾胃虚寒、肠滑作泻者不宜饮用
	柳叶	味苦，性寒，归心、脾经	清热，透疹，利尿，解毒	小儿瘭疹透发不畅，面疮，疔肿，气管炎，咽喉炎	脾胃虚寒者不宜饮用
	淡竹叶	味甘、淡，性寒，归心、胃经	清热泻火，除烦利尿	心胃火盛，暑热烦渴，口舌生疮，咽肿，牙龈肿痛，小便短赤	无实火及脾胃虚寒、尿多者不宜饮用
	枇杷叶	味苦，性微寒，归肺、胃经	清肺止咳，降逆止呕	肺热咳嗽，气逆喘急，胃热呕吐，烦热口渴	风寒咳嗽、胃寒呕吐者不宜饮用
	荷叶	味苦，性平，归肝、脾、胃经	清热解暑，升发清阳，凉血止血	暑热烦渴，暑湿泄泻，呕吐，血热出血，腹胀水肿，肥胖，痤疮，便秘	虚寒、瘦弱者不宜饮用
	芦荟	味苦，性寒，归肝、胃、大肠经	泻下通便，清肝火，除烦热	热结便秘，烦躁，痤疮疔肿，口疮牙肿，目赤咽痛，虫积腹痛，小儿疳积	脾胃虚寒、腹泻、便溏者不宜饮用
	夏枯草	味辛、苦，性寒，归肝、胆经	清热泻火，明目，消肿散结	肝火旺所致目赤肿痛、头痛、疮疡肿痛	脾胃虚寒、气虚者慎用
	白茅根	味甘，性寒，归肺、胃、膀胱经	凉血止血，清热利尿，清肺胃热	各类血热出血证，水肿，热淋，黄疸，胃热呕吐，肺热咳喘	脾胃虚寒者不宜饮用
	芦根	味甘，性寒，归肺、胃经	清热泻火，生津止渴，除烦，止呕，利尿	肺热及风热咳嗽，胃热呕哕，烦热口渴	脾胃虚寒者慎用

果

图鉴	名称	性味归经	功效	主治	禁忌
	梨	味甘，性凉，归胃、肺、大肠经	养阴生津，清热润肺，化痰止咳，利尿通便，降压除烦	内热心烦，津干口渴，燥热咳嗽，痰多喘促，咽喉肿痛，便秘，水肿	脾胃虚寒、风寒咳嗽者不宜多吃
	苹果	味甘、胃酸，性平，归脾、胃经	生津止渴，清热除烦，调和脾胃，止吐泻，通大便	消化不良，食少吐泻，便秘，烦热口渴，心烦失眠，情绪不佳	胃酸过多者不宜多吃
	香蕉	味甘，性寒，归肺、大肠经	清热解毒，润肠通便，消除烦闷，降血压，消水肿	便秘，烦闷口干，咽干喉痛，情绪不佳	脾胃虚寒、腹泻者不宜多吃
	猕猴桃（奇异果）	味甘、酸，性寒，归脾、胃经	解热，止渴，健胃，通淋，预防感冒	烦热口渴，口腔溃疡，食欲不振，消化不良，呕吐，便秘	虚寒便溏、腹泻及胃酸过多者不宜多吃
	柠檬	味酸、性平，归肝、胃经	化痰止咳，生津止渴，清热解暑，和胃降逆，健脾，防感冒	慢性气管炎、咽喉痛，百日咳，中暑烦渴，食欲不振，消化不良	胃酸过多者不宜多吃
	菠萝	味甘、微酸，性微寒，归胃、肝、肺经	清热解暑，生津止渴，促进消化，利小便	身热烦渴，肉食过多消化不良，脘腹胀满，食欲不振，便秘	过敏、皮肤瘙痒及胃酸过多者不宜多吃
	柚子（柚子皮）	味甘、酸，性凉，归胃、肺经	健胃，助消化，理气化痰，润肺，清肠通便，降血压	肺热咳喘，气郁胸闷，胃气不和，食滞不化，便秘，烦渴，紧张头痛	脾胃虚寒、腹泻、便溏者不宜多吃
	柑橘（橘皮）	味甘、酸，性凉，归胃、大肠经	橘肉生津止渴，清热润燥，和胃；橘皮化痰平喘，健脾消食，顺气止呕	胸热烦闷，口干烦渴，咳喘痰多，咽喉肿痛，胃热气逆，食少呕吐	脾胃虚寒者不宜多吃
	乌梅（酸梅）	味酸、涩，性微温，归肝、脾、肺、大肠经	涩肠止泻，生津止渴，敛肺止咳	久泻久痢，虚热烦渴，肠道寄生虫所致呕吐腹痛，肠道传染病，肺虚久咳	有实邪者忌服，胃酸过多者慎服

果

图鉴	名称	性味归经	功效	主治	禁忌
	山楂	味甘、酸，性微温，归脾、胃、肝经	消食化积，健胃行气，活血散瘀	饮食(肉食)积滞，食欲不振，胃脘胀满，腹痛，痛经	脾胃无积滞、胃酸分泌过多者不宜多吃
	枇杷	味甘、酸，性凉，归脾、肺、肝经	润肺，止渴，下气止呕	肺热咳嗽痰喘，口干燥渴，呕逆	多食助湿生痰，脾虚滑泄者忌食
	罗汉果	味甘，性凉，归肺、大肠经	清肺利咽，化痰止咳，润肠通便	痰火咳嗽，气喘，肺火燥咳，咽喉肿痛，失音，肠燥便秘	脾胃虚寒者不宜多吃
	大枣	味甘，性温，归脾、胃、心经	健脾养胃，补中益气，养心安神	脾胃虚弱，食欲不振，消瘦萎黄，倦怠乏力，便溏，烦闷失眠	有湿痰、积滞、齿病、虫病者不宜多吃
	橄榄	味甘、涩、酸，性平，归肺、胃经	清肺利咽，消痰理气，生津，解毒	咽喉肿痛，暑热烦渴，咳嗽吐血，细菌性痢疾	表证初起者慎用
	胖大海	味甘，性微寒，归肺、大肠经	清肺化痰，利咽开音，润肠通便，清热泻下	肺热干咳，咽喉肿痛，风火牙痛，扁桃体炎，热结便秘，头痛目赤	脾胃虚寒、腹泻、寒咳者不宜多吃
	枸杞子	味甘，性平，归肝、肾经	滋补肝肾，益精明目	视力下降，视疲劳，精力不足，倦怠乏力，免疫力低下，失眠多梦	外邪实热、脾虚有湿、腹泻者不宜多吃
	桑椹	味甘、酸，性寒，归肝、肾经	滋阴补血，生津润燥，明目，益智，乌发	视力下降，免疫力低下，热结便秘，少白头	脾胃虚寒、便溏、腹泻者不宜多吃
	莲子	味甘、涩，性平，归脾、肾、心经	补脾止泻，益肾固精，养心安神	脾虚久泻，食欲不振，儿童遗尿，青少年遗精，心烦失眠	脘腹胀满、大便燥结者不宜多吃

贰

四季养护篇

春季养护茶

春天大地回暖，阳气旺盛，万物复苏，草木萌发，人体新陈代谢加快，尤其是孩子们，生长发育得特别快。而此时，各种病菌也非常活跃，再加上早晚温差大、风邪重，让春季成为疫病流行期，免疫力差的孩子容易患感冒、过敏、风疹等多种传染病。聪明妈妈可以通过一些花草茶给孩子清肝火、提高免疫力，不少花草都具有宣散解表的功效，非常适合春季祛邪防病、消除春困、清热降火。

茉莉花茶

功效

理气开郁，祛邪辟秽，消除春困，养护脾胃。

材料

干茉莉花3克。

做法

将干茉莉花放入杯中，倒入开水，浸泡5分钟后即可饮用，可多次冲泡。

好喝指数 ★★★★★

市售的茉莉花茶多由茉莉花和绿茶配制而成，增加了清热解毒、提神醒脑的功效，而茉莉花的温性缓解了绿茶的寒凉，比单纯的绿茶更柔和。给体质偏热的孩子喝这样的茉莉花茶也是安全的。

爱心叮咛

♥ 茉莉花清新淡雅，香气宜人，最能让人感受到"春天的气息"。

♥ 适合春季因肝气不畅而困乏昏沉、精神不振或烦躁易怒、紧张头痛、情绪不畅的孩子饮用。

♥ 气虚、气短的孩子及6岁以下的幼儿不要多喝。

好喝指数 ★★★★☆

菊花茶

功效

疏风清热，排毒降火，清肝明目，利咽消肿，消炎，抗病毒。

材料

菊花3克。

调料

冰糖适量。

做法

1 将菊花投入茶壶中，以沸水冲泡，加盖闷5分钟。

2 倒入杯中，加适量冰糖饮用。

爱心叮咛

♥ 菊花的品种很多，疏散风热宜用黄菊花，平肝、清肝明目宜用白菊花。一般泡饮多用杭白菊或贡菊。

♥ 此茶适合春季阳气过盛、目赤咽肿、上火发炎、情绪烦躁、痤疮发作的孩子饮用。

♥ 脾胃虚寒、泄泻者及6岁以下的幼儿不宜多喝。

优质杭白菊

优质菊花的花朵较小，略带淡黄色，有淡淡的清香。市场上有些菊花又大、又白，看上去很漂亮，有淡淡的酸味，实际上是被硫黄熏蒸过的，含有大量的二氧化硫，切勿购买。

金银花茶

功效

清热解毒，疏散风热，消肿止痛，预防感冒和皮肤过敏。

材料

金银花5克。

调料

冰糖适量。

做法

将金银花和冰糖放入杯中，以沸水冲泡，闷5分钟后即可饮用。

好喝指数 ★★★★☆

金银花水是外洗皮肤的佳品。如果婴幼儿患有热毒疮癣、疖肿、风疹、湿疹、痤疹、痱子、过敏、皮炎等，用可金银花水洗澡或擦涂患处，能起到止痒止痛、退热消肿的作用。

爱心叮咛

♥ 此茶清热解毒效果好，可预防和缓解春季常见的风热感冒、流感、扁桃体炎、癣疹、痤疮、皮肤过敏等，最宜体质偏热的青少年饮用。此茶内服、外用均宜。

♥ 金银花性寒，体质虚寒、易腹泻的孩子及婴幼儿不宜内服饮用，但可以外用擦洗皮肤，对防治春季皮肤病十分有效。

好喝指数 ★★★★☆

柠檬茶

功效

抗病毒，防感冒，理气化痰，促进消化。

材料

新鲜柠檬片1~2片。

做法

倒一杯温开水，放入新鲜柠檬片，代茶饮用，可多次冲泡。

爱心叮咛

❤ 柠檬是排毒解毒的佳品，且富含维生素C，有助于预防感冒、杀菌抗病。

❤ 柠檬的酸味入肝，可泻肝火，十分适合春季保养。

❤ 此茶最宜饭前或饭后饮用，可起到开胃、消食的作用。

❤ 胃酸过多者不要空腹饮用。

孩子一般都喜欢酸味，但也不要过度，以免伤及脾胃。对于3岁以下的孩子可适当减少柠檬的用量，多加水或添加白糖，还可以在白开水中挤入少许柠檬汁，有淡淡的酸味即可。

荠菜茶

功效

凉肝止血，平肝明目，预防和缓解多种皮疹。

材料

鲜荠菜30~60克。

做法

将鲜荠菜洗净，放入锅中，加适量水，煎煮10分钟，过滤后代茶饮用。

好喝指数 ★★★☆☆

荠菜是路边常见的一种野菜，春天的荠菜（农历三月左右）最为鲜嫩，应季而食有益于春季保健。

爱心叮咛

♥ 春食荠菜可清泻肝火，驱邪明目，预防疾病。饮荠菜茶可预防和缓解小儿麻疹、皮炎、皮疹、目赤肿痛等常见病，最宜肝火盛、有热毒的孩子饮用。

♥ 此饮稍苦涩，孩子不喜欢这个味道的话，可以加入适量蜂蜜，以调和口感。

♥ 荠菜性偏凉，脾胃虚寒、易腹泻者不宜多食。

好喝指数 ★★★☆☆

柠檬草蜜茶

功效
清利头脑，预防和缓解春困、风寒感冒、头痛。

材料
柠檬草3克，柠檬皮1块。

调料
蜂蜜适量。

做法
1 将柠檬草、柠檬皮放入杯中，倒入开水，泡10分钟左右。
2 待水稍温凉后，加入适量蜂蜜调拌均匀，代茶饮用。

爱心叮咛

❤ 此茶气味清爽，入口香甜，可使人头脑清醒，精神振作，心情愉悦。

❤ 柠檬草性温，最宜用于防治风寒感冒、头痛，而风热感冒者不宜饮用。

❤ 蜂蜜不宜高温泡煮，所以，最好等水温稍凉后再调入。婴幼儿不宜饮用。

柠檬皮也是泡茶的好材料，果香浓郁，能健胃理气、消炎、化痰，但口感微苦，适当加些蜂蜜可以调和口感。此外，柠檬皮一定要洗净再用。

草莓酸奶饮

好喝指数 ⭐⭐⭐⭐⭐

功效

清热止烦渴，清肠促排毒，可缓解热咳、咽肿、胃热食积、便秘、痤疮。

材料

草莓100克，酸奶70克。

做法

1 将草莓洗净，放入打汁机中，加适量水，打成草莓汁。
2 将草莓汁倒入杯中，加入酸奶，拌匀饮用。

草莓性偏凉，有生津止渴、利咽止咳、清热利尿的功效。每年2~4月的春季，正是新鲜草莓上市的时候，做成清凉爽口的饮品，既尝鲜又保健。

爱心叮咛

❤ 有些妈妈觉得酸奶太凉，给孩子喝时要放至常温。其实，酸奶中的益生菌在低温下才能存活，温度一高就全死了，调理肠道、促进排毒的效果会大打折扣。因此，酸奶不要热着喝。

❤ 此饮适合内热火旺、肠胃积滞的孩子饮用，脾胃寒湿、不喜冷饮的孩子不宜饮用。

夏季养护茶

夏季高温多雨，闷热潮湿，孩子最易被暑湿之邪侵袭，而出现发热、口干烦渴、出汗不畅、暑湿感冒、头痛、睡卧不安等问题，且易出现脾胃症状，如食欲降低、腹痛、腹泻等。此外，夏季也是儿童口疮、湿疹、痱子、青少年痤疮等皮肤疾病的高发期。夏季本来就需要多饮水，花草茶是非常适宜的保养品。用清热除湿的材料，搭配清凉多汁的鲜果，制成好喝又消暑的夏季保健茶，孩子们一定喜欢！

薄荷茶

功效

清暑提神，缓解头痛，开胃助消化，预防暑热感冒。

材料

新鲜薄荷叶2克（3~4片）。

做法

将薄荷洗净，放入茶壶中，以沸水冲泡，加盖闷5分钟后倒出饮用。

好喝指数 ★★★★☆

薄荷是常见好养的植物之一，也适合家庭盆栽。家里养上一盆薄荷，随时摘取新鲜的薄荷叶是方便省事的方法。没有鲜品时，也可选择干薄荷叶。

爱心叮咛

♥ 此茶宜在闷热潮湿的夏季饮用，尤其适合有暑热头痛、烦闷不畅、目赤咽肿、精神萎靡、食欲不振等症状的孩子饮用。

♥ 薄荷比较耗气、发汗，因此，气虚、出汗过多者不宜多饮。

好喝指数 ★★★★☆

瓜皮茶

功效
消暑热，生津液，止烦渴，利小便。

材料
冬瓜、西瓜各适量。

做法
1 冬瓜切取外皮70克，洗净，切碎。
2 西瓜切取瓜皮的白色部分70克，洗净，切碎。
3 将冬瓜皮、西瓜皮一起放入打汁机中，加适量水，搅打成汁即可。

爱心叮咛

❤ 冬瓜皮和西瓜皮的利尿消肿、清热排毒功效比果肉更胜一筹，尤宜暑热烦渴、小便少的孩子饮用，是夏季清暑的良药。

❤ 也可以添加一些西瓜果肉一起榨汁，这样口感更好一些，孩子也会更喜欢喝。

❤ 脾胃虚寒、易腹泻者不宜多饮。

冬瓜皮

西瓜皮

西瓜皮应切取白色部分，外面的粗硬绿色表皮应去除不要。

淡竹叶茶

功效

清热除烦，祛暑解渴，利小便，预防热病。

材料

淡竹叶6克。

做法

将淡竹叶置于杯中，冲入沸水，盖闷10分钟后饮用。

好喝指数 ★★★★☆

淡竹叶　　　鲜竹叶

淡竹叶与鲜竹叶并不是同一种植物，但清热解暑的效果相似，可以替代使用。淡竹叶需要在中药房购买干制品，鲜竹叶则可以自己采摘（一般为淡竹或苦竹的鲜叶）。鲜竹叶用量可加倍。

爱心叮咛

- ❤ 此茶善泻心胃实火，可防治小儿热病、心烦口渴、口舌生疮、牙龈肿痛、尿黄尿少，是一道清凉解暑茶。
- ❤ 如果觉得味道较苦，可适量添加冰糖。
- ❤ 淡竹叶性寒，无实火及脾胃虚寒、尿频尿多者不宜饮用。

好喝指数 ★★★★☆

荷叶茶

功效

祛暑湿，生津液，止烦渴，通利大小便。

材料

干荷叶3~5克。

做法

将荷叶切碎，放入杯中，用沸水冲泡，盖闷10分钟后，代茶饮用。

干荷叶　　　鲜荷叶

如用鲜荷叶，用量可加倍。鲜荷叶一定要清洗干净再用。

爱心叮咛

💚 夏季常饮荷叶茶，可缓解因湿热所致的烦渴、胀闷、暑湿吐泻等症。

💚 青少年肥胖、痤疮发作、血热出血、便秘、水肿者可多饮。

💚 荷叶茶有微微的苦味，怕苦的孩子可适当添加白糖或蜂蜜调味。

💚 脾胃虚寒、瘦弱者及婴幼儿不宜饮用。

金银花竹叶茶

功效

用于防治夏季小儿暑热症，解毒化湿，清心除烦。

材料

金银花6克，淡竹叶3克，绿茶1克。

做法

将所有材料一起放入杯中，以沸水冲泡，盖闷10分钟后，代茶饮用，可多次冲泡。

好喝指数 ★★★★★

此茶含有绿茶成分，睡觉前给孩子喝容易兴奋神经，影响睡眠，且淡竹叶、绿茶均有利尿作用，易造成夜尿频繁，所以，此茶不宜在晚上睡前喝。

爱心叮咛

♥ 金银花清热解毒，淡竹叶清心除烦，绿茶清暑化湿。此饮适合夏季发热、暑热口渴、烦躁不宁的孩子饮用。

♥ 怕苦的孩子可适当添加白糖调味。

♥ 绿茶性凉，而金银花、淡竹叶均为寒性，所以，此茶偏寒凉，暑湿热盛时饮用较宜，脾胃虚寒者及婴幼儿不宜饮用。

酸梅汤

好喝指数 ★★★★★

功效

生津液，止烦渴，除暑湿，用于防治暑热。

材料

乌梅、山楂各50克，甘草6克，桂花10克。

调料

冰糖50克。

乌梅

乌梅可生津止渴，开胃健运，除热辟邪，而且是预防小儿肠道寄生虫、肠道传染病的好材料，非常适合暑湿季节饮用保健。

做法

1 先将乌梅、山楂片洗净，浸泡至软。

2 煮锅中倒入3000毫升水，上火烧开后放入乌梅、山楂片和甘草，改小火煮40分钟。

3 捞出各材料，放入桂花和冰糖，续煮10分钟关火，过滤出汤汁，倒入凉杯，晾凉后饮用。放入冰箱储存。

爱心叮咛

- ❤ 酸梅汤是传统的消暑饮品，口味酸甜，非常适合孩子饮用，尤其是暑热造成食欲不振、消化不良、心烦口渴者，不妨带上一瓶去上学，随时饮用。
- ❤ 可以每次多做一些，放在冰箱中，冷饮口感更清凉，消暑效果更好。但脾胃虚寒者及幼儿不宜饮太凉的饮品。
- ❤ 乌梅、山楂的酸味都较重，胃酸过多的孩子不宜喝太多。

好喝指数 ★★★★☆

桑叶蜜茶

功效

祛风清热，凉血，清肺，止渴，用于防治小儿夏季热及风热感冒。

材料

桑叶5克。

调料

蜂蜜适量。

做法

将桑叶切碎，放入杯中，以沸水冲泡，盖闷10分钟后，调入蜂蜜拌匀，代茶饮用。

爱心叮咛

❤ 此茶适用于小儿夏季热、口渴较甚者饮用。（小儿夏季热一般会有长期发热、口渴多尿、出汗不畅等症状）

❤ 也适合缓解外感风热、头痛、咳嗽、目赤、咽肿、牙龈肿痛等症状。若风热感冒初起，也可搭配菊花饮用。

❤ 桑叶较苦寒，脾胃虚寒者不宜饮用。

桑叶味甘、苦，性寒，入肺、肝经，有疏散风热、清肺润燥、清肝明目的功效。桑叶以老而经霜者为佳，故冬桑叶、霜桑叶药效最佳。

杷叶清暑茶

功效

清热和胃，生津止渴，去除暑热，用于防治暑湿吐泻。

材料

枇杷叶、淡竹叶各10克。

调料

白糖适量，食盐少许。

做法

1 将枇杷叶、淡竹叶，放入茶壶中，冲入沸水闷泡10分钟。

2 倒出茶汤，放入白糖、盐，拌匀后即可饮用。

枇杷叶性微寒，有清肺止咳、降逆止呕的作用，可用于防治烦热口渴、胃热呕吐、肺热咳嗽。枇杷叶生用、蜜炙用均可，如用鲜品，用量可加倍。

爱心叮咛

♥ 适合夏季三伏天饮用，可缓解暑热烦渴、小便短赤、暑湿吐泻等夏季不适之症。

♥ 加入白糖以调和口感，也有助于养护脾胃。加盐则能避免因夏季汗出过多或因吐泻而出现的脱水现象。

♥ 此茶较为寒凉，脾胃虚寒者不宜饮用。

好喝指数 ★★★☆☆

空心菜荸荠茶

功效

清热解暑，生津利尿，常用于防治小儿夏季热。

材料

空心菜100克，去皮荸荠50克。

调料

白糖适量。

做法

1 将空心菜和去皮荸荠分别洗净，切碎，放入煮锅，加适量水，煎煮15分钟。

2 过滤出茶汤，倒入杯中，加入白糖，搅拌均匀后即可饮用。

空心菜也叫作蕹菜，性微寒，有清热解毒、凉血利尿的作用，是防治暑热烦渴、湿疹、疮疖的好材料。

爱心叮咛

❤ 空心菜、荸荠都是日常蔬菜，食用安全，且清凉爽口，清暑热效果好，非常适合夏季易发热、烦渴喜饮、尿少、尿黄的孩子饮用。

❤ 有肺热咳嗽、湿疹、痤疮者也宜饮用。

❤ 此饮偏寒凉，脾胃虚寒者不宜饮用。

冰糖葛粉茶

功效

清凉退热，生津止渴，用于防治暑湿感冒、泄泻、热疮肿痛。

材料

葛根粉10克。

调料

冰糖适量。

做法

将葛根粉放入杯中，冲入适量沸水，放入冰糖，搅拌均匀即可饮用。

好喝指数 ★★★★☆

葛根有解表发汗、退热生津、透疹、升阳止泻的作用，常用于防治烦热口渴、小儿热疮、咽喉肿痛、暑湿泄泻。

爱心叮咛

💙 此茶是南方常用的夏季消暑茶，适用于防治因暑湿所致的口渴烦闷、热疹、热疮、肠胃型感冒、发热头痛、咳嗽、热痢泄泻。夏季常饮，既清凉甘甜，又能提高免疫力。

💙 葛根偏凉性，脾胃虚寒者慎用，且其发汗作用较强，夏日表虚汗多者不宜多饮。

好喝指数 ★★★★★

葡萄奶茶

功效

健脾养胃，补充营养，消除暑热烦渴。

材料

葡萄100克，牛奶50毫升。

做法

1 将葡萄去蒂，洗净，放入打汁机中，加适量水，搅打成葡萄汁。

2 将葡萄汁倒入杯中，加入牛奶，搅拌均匀后即可饮用。

爱心叮咛

❤ 此饮健脾养胃，补充能量，消除烦渴，尤其适合夏季食欲不振，食少吐泻者饮用。

❤ 此饮适合1岁以上各年龄的孩子常温饮用，也可放入冰箱保存后冷饮，适合6岁以上、暑热烦渴偏盛的孩子。

❤ 脾胃虚寒者及婴幼儿不宜冰镇冷饮。1岁以下的孩子不宜饮用鲜牛奶，可用奶粉替代。

较小的孩子最好将葡萄汁过滤干净后饮用，以防渣滓刺激喉咙。较大的孩子则可以不用过滤，连皮带籽一起饮用，有提高免疫力的作用。

清凉果汁

好喝指数 ★★★★★

功效

清凉退热，生津止渴，利尿通便，宁心除烦。

材料

西瓜、哈密瓜各100克，黄瓜50克。

做法

1 将西瓜、哈密瓜分别去皮、籽，取果肉，切成小块；黄瓜去皮，洗净后切小块。

2 将各材料都放入打汁机中，加适量水，搅打成果汁，倒入杯中即可饮用。

此饮用料均为夏季盛产的多汁瓜果，口感清凉甘甜，深受孩子们喜爱，是安全的饮品。黄瓜也可以用丝瓜、冬瓜等其他瓜类替代，效果也不错。

爱心叮咛

♥ 此饮能快速补充糖分和多种维生素，是夏季儿童防病保健的理想饮品，尤其适合夏季体热烦躁、口干口渴、口舌生疮、痤疮、湿疹、疔肿、胃热呕吐、便秘的孩子饮用。

♥ 此饮偏凉性，脾胃虚寒、腹泻、便溏者不宜饮用。幼儿不宜饮用冰镇后的果汁。

秋季养护茶

秋季昼夜温差大，气候干燥，人体容易出现"秋燥"状况，儿童容易表现为口鼻咽干、口角干裂、嗓子疼、流鼻血、干咳、便秘等。燥邪最易伤肺，因此，养肺润燥、预防呼吸道疾病是秋季保健的重点。此外，5岁以下儿童的秋季腹泻（轮状病毒感染）发病率很高，应引起父母足够的重视。在"多事之秋"，通过茶饮有针对性地预防，是聪明妈妈的最佳选择。

秋梨膏茶

功效

清心润肺，止咳平喘，生津利咽，养阴清热，防治秋燥。

材料

秋梨膏15克。

做法

将秋梨膏放入杯中，倒入温开水，搅拌均匀后饮用。

好喝指数 ★★★★★

秋梨膏也叫雪梨膏。它以秋梨（或鸭梨、雪花梨）为主料，可搭配生地黄、葛根、萝卜、麦冬、藕、姜汁、贝母、蜂蜜等止咳化痰、生津润肺的材物熬制而成。常用于防治因热燥伤津所致的肺热咳嗽、口干烦渴、便秘，并有预防呼吸道疾病的作用，最宜秋季饮用保养。

爱心叮咛

❤ 适合肺热咳喘、咽喉肿痛、胸膈满闷、口燥咽干、烦躁声哑、便秘者常饮。

❤ 秋梨膏自己制作很麻烦，买现成的儿童秋梨膏再自行调配比较方便。除了直接冲水，调入牛奶、豆浆中饮用也不错。

❤ 每晚睡前服用或带去上学都很适宜。

❤ 体质虚寒、腹泻、便溏者不宜饮用。

蜂蜜柚子茶

好喝指数 ★★★★☆

功效

生津止渴，润肺止咳，可预防和缓解秋燥及呼吸道疾病。

材料

鲜柚子皮50克。

调料

蜂蜜15克，冰糖10克。

柚子皮可润肺止咳、理气化痰、健胃通肠、清热除烦，常用于肺热及胃气不和者饮用。

做法

1 切取柚子皮，在盐水中浸泡一晚，清洗干净，切成丝。

2 将柚子皮和冰糖一起放入锅中，加1000毫升水，大火煮沸，再改小火煮20分钟，关火。

3 晾凉后加入蜂蜜，倒入杯中即可饮用。可放入冰箱保存3天。

爱心叮咛

- 柚子皮比较苦，用盐水充分浸泡、搓洗，可消除其苦涩的味道。
- 柚子皮与柚子果肉之间的白瓤，是柚子最苦的地方，可以根据自己的口味取舍。
- 此饮适合秋燥所致的口干舌燥、心烦口渴、口唇干裂、咽喉肿痛、肺热咳嗽、胃热气逆、饮食积滞、食少呕吐、燥结便秘者饮用。
- 脾胃虚寒、腹泻、便溏者不宜多饮，1岁以下婴幼儿不宜饮用。

冰糖梨茶

好喝指数 ★★★★★

功效

生津止渴，止咳化痰。用于防治秋燥咳嗽、咽喉肿痛。

材料

雪花梨150克（1个）。

调料

冰糖20克。

梨是秋季最佳的食品保养品之一。梨的品种很多，产于河北、天津一带的雪花梨、鸭梨等是最佳选择。

做法

1 将雪花梨洗净，梨核除去，带皮切成小块。

2 把带皮梨块放入锅中，倒入1000毫升水，大火煮沸，改小火煮20分钟。

3 加入冰糖，续煮5分钟即可关火，倒出汤汁饮用。

爱心叮咛

♥ 此饮是传统的清肺润燥方，常用于防治肺燥咳嗽、肺热感冒咳嗽、咽干肿痛和支气管炎，最宜秋季日常饮用。

♥ 秋冬两季节常有雾霾、空气污染时，多喝此饮有保护呼吸道健康的作用。

♥ 1岁以下的婴幼儿单饮汁即可，年龄大的孩子可以把煮过的梨肉也一起吃掉。

♥ 梨性凉，经熬煮后其凉性有所减弱，大多数人都可以喝。但脾胃虚寒、腹泻、便溏的孩子还是不要饮用过多。

♥ 梨的利尿作用较强，尿多及易尿床的孩子不宜在睡前多饮。

好喝指数 ★★★★☆

冰糖百合茶

功效

润肺止咳，清心安神，用于防治秋燥热咳。

材料

干百合10克（或鲜百合20克）。

调料

冰糖适量。

做法

将干百合洗净，和冰糖一起放入杯中，冲入沸水，闷泡15分钟后，代茶饮用。

爱心叮咛

❤ 此饮适合因秋燥所致咽干咳嗽、口燥食少、大便不畅、心情烦躁者饮用。

❤ 空气污染、雾霾多发时也宜多饮。

❤ 年龄小的孩子单饮汁即可，年龄大的孩子可以把百合一起吃掉。

❤ 百合性寒，脾胃虚寒、腹泻、便溏、风寒咳嗽者及婴幼儿均不宜多喝。

百合有清心、润肺、宁神的功效，对由呼吸道感染引起的燥热咳嗽、心烦失眠等有良好的调养作用。干、鲜品均可用。

梨藕蜜茶

功效

生津止渴，养阴润肺，缓解因秋燥所致的痰热咳嗽、咽干口燥。

材料

梨100克，莲藕50克。

调料

蜂蜜15克。

做法

1. 将梨去皮、核，洗净，切块；莲藕去皮，洗净，切片。
2. 把梨块和藕片一起放入打汁机，加适量水搅打成稀糊，倒入杯中。
3. 调入蜂蜜，拌匀饮用。

莲藕生食可清热凉血，散瘀，熟食可健脾开胃，益血生肌，止泻。此处以生食为宜。

好喝指数 ★★★★★

爱心叮咛

- 此饮适合痰热咳嗽、痰黄、发热、心烦口渴、口干咽痛者饮用。
- 生梨、生藕均较寒凉，脾胃虚寒、腹泻者不宜多饮。胃寒者也可将此饮煮熟后饮用。
- 1岁以下的婴幼儿饮用时不宜加蜂蜜。

好喝指数 ★★★★☆

莲子茶

功效
健脾，涩肠，止泻，用于防治小儿秋季腹泻。

材料
去心莲子20克。

做法
将莲子放入锅中，加适量水，炖煮1~2小时至熟烂，过滤后取汤汁，代茶饮用。

爱心叮咛

- 莲子有补脾止泻、养心安神、益肾固精的功效，适合较为虚弱的孩子补益调养，尤宜脾虚腹泻、小儿秋季腹泻者饮用。
- 此饮也适合心烦不眠、易尿床的孩子饮用。
- 年龄小的孩子可以只喝莲子水，年龄大的孩子可以把莲子一起吃掉。
- 中满腹胀、便秘者不宜饮用。

莲子心不仅味苦，其寒性也较大，主泻心火，用于补益调养时最好不用，尤其对于腹泻者及婴幼儿，莲子一定要去除莲子心后再用。

苹果桃汁

功效

生津润燥，养护脾胃，通利大便，提高免疫力。

材料

苹果、桃子各100克。

做法

1. 苹果、桃子分别去皮、核，取果肉，切成小块。
2. 把果肉放入打汁机中，加适量水打成果汁，倒出饮用即可。

好喝指数 ★★★★★

苹果对肠胃有双向调节作用，既能增进食欲，又能帮助消化，既能止吐止泻，又可清肠通便，婴幼儿也可放心饮用。但应注意，不要用太酸的青苹果。

爱心叮咛

- 此饮甘甜清香，性味平和，对消化不良、食少吐泻、便秘、烦渴等脾胃不和症状均有调理作用。

- 桃能"养人"，是补益气血、养阴生津的好材料，身体瘦弱、面色萎黄、体虚气短的孩子更宜多吃。

- 胃酸过多者不宜大量饮用。

冬季养护茶

冬季天寒地冻，人体阳气偏虚，儿童本来免疫力就较弱，更易被寒邪侵袭而致病，出现风寒感冒、咳嗽气喘等呼吸道疾病，受寒也容易引发胃寒腹痛、胀气、腹泻等问题。所以，御寒保暖、养护脾胃是儿童冬季保养的重点。在茶饮中应适当添加温和补益的材料，以增强体质，暖身抗寒，预防疾病。

在我国，存在不少父母给孩子过度保暖的情况，再加上冬季户外活动少、饮食负担重，易造成内热积滞，因此，多给孩子喝些果茶疏通肠胃，在冬季非常有益。

暖身奶茶

功效

温暖脾胃，暖身抗寒，促进消化，增强体质。

材料

鲜牛奶50毫升，生姜15克，红茶6克。

调料

白糖适量。

做法

1 把生姜切成片，和红茶一起放入锅中，加适量水，大火烧开，改小火煎煮10分钟。

2 过滤出茶汤，倒入杯中，加入牛奶和白糖，搅匀即可饮用。

好喝指数 ★★★★☆

生姜有解表散寒、温中止呕、化痰止咳的功效，常用于防治风寒感冒、胃寒呕吐、寒痰咳嗽，是冬季暖身祛寒的良药。

爱心叮咛

❤ 牛奶益气养阴、强壮筋骨，生姜暖脾胃、止呕吐，红茶养胃、助消化。此饮可全面改善虚寒体质、瘦弱、怕冷、食少、胃寒吐泻的孩子宜多饮，热饮更好。

❤ 奶茶一般为红茶搭配牛奶，特别适合寒冷地区的人们补充体能、促进消化。

❤ 体内燥热的孩子少用生姜。

大枣茶

好喝指数 ★★★★★

功效

健脾养胃，补充体力，增强体质，提高免疫力。

材料

大枣15克。

做法

将大枣对半切开，去核，放入杯中，冲入沸水，盖闷15分钟后，代茶饮用。

爱心叮咛

💙 大枣是健脾养胃、补中益气、养血安神的传统补益品，尤其适合脾胃虚弱、食欲不振、体形消瘦、倦怠乏力、胃寒腹泻、面色萎黄或苍白的孩子补养身体。

💙 大枣的温性非常适合用于冬季暖胃，热饮效果更佳。

💙 有痰湿、积滞、齿病、虫病者不宜饮用。

大枣皮厚质硬，冲泡时一定要先破皮切开，尽量多地留出果肉部分，才能充分泡出有效的营养成分。

橙子蜜茶

功效

预防感冒，理气化痰，促助消化，生津止呕，通利大便。

材料

橙子半个。

调料

蜂蜜15克。

做法

1 将橙子去皮、去核，取果肉放入打汁机中，加适量水，搅打成果汁，倒入杯中。

2 调入蜂蜜，拌匀即可饮用。

好喝指数 ★★★★★

橙子是冬季常见的水果，富含维生素C，有预防感冒咳嗽、促进消化、增进食欲的作用。直接食用觉得酸的话，不妨这样饮用，孩子们会很喜欢。

爱心叮咛

♥ 此饮适合胃气不和、恶心呕逆、食少口干、胸闷腹胀、消化不良、便秘者饮用。冬季节庆较多，孩子容易饮食积滞而损伤肠胃，常饮此茶可起到养护脾胃的作用。

♥ 也适合免疫力差、易感冒的孩子饮用。

♥ 胃酸过多者不宜多饮。

好喝指数 ★★★★★

猕猴桃果茶

功效

预防感冒，促进消化，缓解内
热烦渴。

材料

猕猴桃100克（1个）。

调料

白糖适量。

做法

1 将猕猴桃洗净，去皮，取果
肉，放入打汁机中，搅打成果
汁，倒入杯中。

2 加入适量白糖，调匀即可饮用。

爱心叮咛

❤ 此饮适合冬季因室内燥热、穿衣过多或
饮食积滞等原因造成内热的孩子，可缓
解食欲不振、消化不良、口渴烦热、呕
吐、便秘等症状。

❤ 猕猴桃中维生素C的含量非常高，有预防
感冒、提高免疫力的作用。

❤ 猕猴桃性寒，脾胃虚寒者不宜多饮，胃
酸过多者也不宜。

猕猴桃和奇异果是同一种水果，
奇异果是新西兰人工选育的品
种，均可选用。由于猕猴桃的
品种不同，其酸度也各异，可
根据其酸度，掌握加糖的量。

香蕉菠萝饮

功效

促进消化，消除积滞，缓解内热便秘。

材料

香蕉100克，菠萝肉50克。

做法

1 香蕉去皮，切小块。

2 菠萝肉切小块，用淡盐水浸泡30分钟。

3 把香蕉、菠萝果肉一起放入打汁机中，加适量水，搅打成果汁即可饮用。

好喝指数 ★★★★★

菠萝中含有一种易使人过敏的物质，经盐水浸泡后，不仅可以减少过敏物质，还能中和其酸性，使口感变得更甜。所以，处理菠萝时，不要省掉盐水浸泡的步骤。

爱心叮咛

♥ 香蕉润肠通便，菠萝促进消化。此饮适合冬季内热所致腹胀、便秘、食欲不振、肉食积滞、消化不良的孩子饮用，尤其是春节期间进食过多者。

♥ 脾胃虚寒、腹泻者不宜多食香蕉。

♥ 皮肤过敏及胃酸过多者不宜多食菠萝。

好喝指数 ★★★☆☆

萝卜蜂蜜水

功效
顺气化痰，止咳平喘，用于防治久咳、便秘、消化不良。

材料
白萝卜500克。

调料
蜂蜜适量。

做法
1 将白萝卜去皮，洗净，切成小粒，放入可密封的容器内，倒入蜂蜜，没过白萝卜粒，加盖密封，放入冰箱1周后使用。
2 每次取20克，放入杯中，冲入热水搅匀即可饮用。

爱心叮咛

♥ 俗语说"冬吃萝卜夏吃姜，不劳医生开处方"。冬季容易外寒内热，所以多吃些萝卜可顺气化痰、化解积热，对健康非常有益。

♥ 此饮对支气管炎、肺炎、肺结核、哮喘、流感等均有疗效，也适合内热烦渴、饮食积滞、便秘、气胀呕吐的孩子饮用。

萝卜蜂蜜水喝完后，剩下的萝卜因加了蜂蜜而脆甜可口，可以直接吃，或者晒成萝卜干，孩子们都很喜欢。

叁

防病抗病篇

感冒流行季，提高孩子免疫力

幼儿园、小学、中学，几十人在封闭的教室里活动，这样人群高度密集的场所，正是极易传播疾病的地方，再加上儿童的免疫力本来就差，如果一个孩子感冒，班里的孩子也会接二连三被传染，真让家长头疼！如果已经出现了感冒流行的趋势，家长不妨泡些保健茶，给孩子提高免疫力，减少被感染的机会。

防治小儿感冒茶

功效

祛风解表，清热解毒，用于防治小儿流感及热性感冒。

材料

生绿豆20克，绿茶3克。

调料

冰糖15克。

做法

1 将绿豆捣碎，装入茶袋中。

2 把茶袋、绿茶和冰糖一起放入保温杯中，用沸水冲泡，加盖闷20分钟后，代茶饮用。

绿豆是祛暑湿、解热毒的良药，由于外皮较硬，泡制前一定要先捣碎，才能充分泡出其有效成分。

好喝指数 ★★★★☆

爱心叮咛

♥ 此饮适合小儿流感、风热感冒、暑热感冒者饮用，可缓解恶寒、发热、鼻塞、咽喉疼痛、热咳等症状。

♥ 绿豆、绿茶均较寒凉，风寒感冒者不宜饮此茶。

♥ 适合体质偏热的孩子预防四季感冒，但体质偏寒、易腹泻的孩子不宜多饮。

69

好喝指数 ★★★★☆

橄榄萝卜茶

功效

清肺解毒，化痰，消食，预防小儿流感及四季感冒。

材料

去核橄榄肉15克（鲜品30克），白萝卜250克。

做法

将白萝卜洗净，去皮，切成小丁，和去核橄榄肉一起放入杯中，冲入沸水，盖闷20分钟后，代茶饮用。

爱心叮咛

💙 此饮可清咽利喉、化痰消食，适合肺热咳嗽痰多者饮用，也是防治小儿流行性感冒的佳品，可缓解恶寒发热、咽喉疼痛、咳嗽痰多、食欲不振等症状。

💙 萝卜是理气、防疫的良药，尤其适合小儿疏通肠胃、预防感冒，但体质偏虚弱的孩子不宜多吃。

💙 不喜欢这个味道的话，可以加些冰糖。

橄榄有良好的清肺化痰、解毒利咽的功效，常用于防治上呼吸道感染、咽喉疼痛。用鲜橄榄的效果更好，如北方鲜品较少，用干品或果脯代替亦可。

桑菊茶

功效

疏散风热，润肺止咳，用于防治风热感冒和流感。

材料

桑叶、菊花各2克。

调料

冰糖适量。

做法

将桑叶、菊花、冰糖放入杯中，用沸水冲泡，盖闷10分钟后，代茶饮用。

好喝指数 ★★★★☆

桑叶味苦性寒，有疏散风热、清肺润燥、清肝明目的功效，适合风热感冒、肺热咳嗽者，风寒感冒咳嗽者不宜饮用。

爱心叮咛

❤ 此茶是传统的防感冒茶。尤其适合在流感传播的高峰季节用于提高抗病能力，对风热感冒初起、头痛、轻微咳嗽等症状也能有效缓解。

❤ 年龄较小的孩子可适当添加冰糖调味。

❤ 脾胃虚寒、易腹泻、风寒感冒者不宜饮用。

好喝指数 ⭐⭐⭐⭐⭐

薄荷绿茶

功效

清热解毒，清利头目，用于防治风热及暑湿感冒。

材料

鲜薄荷叶2克，绿茶3克。

做法

将薄荷叶洗净，和绿茶一起放入保温杯中，用沸水冲泡，盖闷10分钟后，代茶饮用。

爱心叮咛

💙 此饮可清暑提神，缓解感冒头痛、精神不振、体热烦渴等症状，适合在闷热潮湿的季节预防风热及暑湿感冒。

💙 绿茶较寒凉，薄荷有耗气、宣散风热的作用，因此，脾胃虚寒、气虚体弱者不宜多饮，3岁以下的孩子也不宜饮用。

💙 风寒感冒、风寒头痛者不宜饮用。

薄荷对风热感冒、汗出不畅的热性头痛及紧张性头痛均有效果，饮用后微微出汗而头痛缓解。

双花茶

好喝指数 ★★★★☆

功效

清头目，解热毒，用于防治风热感冒、病毒性感冒及流行性感冒。

材料

金银花5克，菊花2克。

调料

冰糖适量。

做法

将金银花、菊花、冰糖放入杯中，冲入沸水冲泡，闷泡15~20分钟后，代茶饮用。

在感冒流行时，尤其是春秋两季，让孩子带上一瓶双花茶去上学，是预防疾病的好方法。但此茶较为寒凉，学龄前的孩子不宜多喝。

爱心叮咛

❤ 此方为轻型清热解毒剂，可预防感冒，并能缓解风热头痛、头胀无汗、恶寒发热、咽痛不适、全身酸痛等轻症感冒症状，对风热感冒、病毒性感冒及流感均有效果。

❤ 脾胃虚寒、风寒感冒者及感冒重症者均不宜饮用。

好喝指数 ★★★★☆

葱豉茶

功效

发汗解表，用于风寒感冒初起。

材料

大葱白80克，淡豆豉10克。

调料

白糖适量。

做法

将大葱白洗净，切段，与淡豆豉一起放入锅中，加适量水，煎煮10分钟，过滤取汤汁，调入白糖，代茶饮用。

爱心叮咛

♥ 此茶是治疗轻症风寒感冒的简易方，适合风寒感冒所致头痛、全身酸痛、恶寒微热、胸闷烦躁、鼻塞流涕或伴有咽痛咳嗽者饮用，感冒初起时饮此茶效果较好。

♥ 患重症感冒而发热重、咳嗽频者不宜饮用。

♥ 风热感冒、汗出过多者不宜饮用。

大葱白性温，可发汗解表。淡豆豉是由黑大豆发酵制成，性微温，有疏散解表、宣郁除烦的功效。葱、豉均能发汗，二者合用可增强疗效。

姜糖茶

好喝指数 ★★★★☆

功效

解表，发汗，散寒，用于防治风寒感冒轻症。

材料

生姜15克。

调料

红糖15克。

做法

把生姜切片后和红糖一起放入茶壶中，冲入沸水，搅拌均匀，盖闷10分钟，倒入茶杯代茶频饮，一日内喝完。

冬季寒冷时或夏季长时间待在空调房中，都容易受风寒侵袭而感冒，用此茶及时祛寒防病相当有效。

爱心叮咛

❤ 此茶又被称为"姜糖水"，是防治风寒感冒的常用方。生姜辛温散寒、暖胃止呕，红糖活血化瘀、暖身祛寒。此茶尤宜外感风寒所致的头痛发胀、全身酸痛、胃口欠佳等感冒初起轻症。

❤ 重症感冒、发热较高者不宜饮用。

❤ 风热感冒及体质燥热者不宜饮用。

好喝指数 ★★★★★

姜苏茶

功效
疏风散寒，暖身发汗，理气和胃，用于风寒感冒初起。

材料
生姜15克，苏叶3克。

调料
红糖适量。

做法
1 将生姜切成细丝，苏叶洗净。
2 姜丝、苏叶一起放入茶碗中，冲入开水，盖闷10分钟，调入红糖，拌匀后即可饮用。

爱心叮咛

- 此茶适用于风寒感冒，有头痛发热、风寒咳嗽、鼻塞流涕、身痛无汗、恶心呕吐、胃寒腹痛等症状者宜饮用。
- 感冒初起时饮用效果较好，也可用于预防感冒。
- 如果孩子不喜欢这个味道，可将苏叶的用量减半。
- 风热感冒者不宜饮用。

苏叶辛温，有发表散寒、宣肺止咳、理气和中的功效，是防治外感风寒的良药。

葱白姜茶

好喝指数 ★★★★☆

功效

散寒止痛，发表退汗，用于风寒感冒初起。

材料

大葱白、生姜各15克。

调料

白糖适量。

做法

1 将大葱白、生姜分别洗净，切碎，一同放入打汁机中，加入适量水，搅打成汁。

2 过滤去渣后倒入杯中，加入白糖拌匀即可饮用。

大葱白可发汗解表，辛温通阳，可用于外感风寒、阴寒内盛。

爱心叮咛

💙 此饮可发散风寒，促进发汗，缓解恶寒怕冷、头痛无汗、鼻流清涕、吐咳白痰、四肢酸痛、胃寒吐泻等症状，适合风寒感冒初起未发汗者饮用，也可用于预防感冒。

💙 风寒感冒重症及风热感冒者均不宜饮用。

好喝指数 ★★★☆☆

防感冒茶

功效

清热解毒，用于预防流行性感冒及多种疫病。

材料

板蓝根10克，金银花、甘草各5克。

调料

白糖适量。

做法

将所有材料和调料一起放在保温杯中，用沸水冲泡，盖闷15~20分钟后，代茶频饮。

爱心叮咛

❤ 此茶有抗病毒效果，除了预防流感，对流行性脑炎、流行性肝炎、流行性呼吸道感染均有一定的防治作用。在疫病流行时，可作为保健茶饮用。

❤ 此饮偏苦，饮用时可加水冲淡，或少量多次饮用。

❤ 板蓝根、金银花均性寒，脾胃虚寒、体虚无实火、无热毒者不宜饮用。

板蓝根清热解毒，凉血利咽。常用于防治流感、肺炎、肝炎、流行性腮腺炎、咽喉炎、口腔炎、扁桃体炎、流脑、乙脑、红眼病，是防疫良药。

防疫果汁

功效

补充维生素C，提高免疫力，预防感冒。

材料

猕猴桃150克，橙子70克。

做法

1 将猕猴桃去皮，切成小块；橙子去皮，取果肉，切碎。

2 将所有材料都放入打汁机中，加适量水，搅打成果汁，倒出饮用。

好喝指数 ★★★★★

如果猕猴桃和橙子的品种偏酸，可以适当添加白糖，以改善口感，保护脾胃。

爱心叮咛

💙 猕猴桃和橙子均是富含维生素C的水果，有一定预防感冒、提高免疫力的效果。

💙 如有体热、咳嗽、嗓子疼、干渴等轻症时，饮用此汁也可缓解。

💙 此果汁较为寒凉，脾胃虚寒、风寒感冒者不宜多饮。

💙 胃酸过多者不宜饮用。

咳嗽咽肿嗓子疼，这样喝能缓解

儿童的免疫力差，首先表现在肺功能较弱，不少孩子季节稍变或内热上火，就会咳嗽、咽喉红肿、嗓子疼，长时间不好，严重的甚至出现肺炎反复发作的情况，让家长非常着急。呼吸系统疾病是儿童常见病，家长要特别注意养护好孩子娇弱的肺，以预防为主，减少孩子呼吸道感染的概率。

枇杷果饮

好喝指数 ★★★★★

功效

清热润肺，止咳化痰，生津止渴，清咽润喉。

材料

鲜枇杷150克。

调料

冰糖适量。

做法

1 将鲜枇杷去皮、核，洗净，切块，放入打汁机，加适量水搅打成果汁。

2 倒出果汁，加冰糖搅匀，代茶饮用。

枇杷味甘、酸，性凉，有润肺止咳、止渴、和胃的功效，可用于缓解咽干烦渴、咳嗽吐血、呕吐、消化不良等症状。

爱心叮咛

♥ 此饮对咳嗽多痰、肺燥久咳、干咳等各类咳嗽均有调理作用，并能缓解咽干口渴、咽喉肿痛等咽部不适。

♥ 冰糖本身也有润肺止咳的功效，非常适合用于润肺茶饮的调味。

♥ 脾胃虚寒者不宜多饮。

好喝指数 ★★★★★

桑菊杷叶茶

功效
清热散风，解表，化痰，用于防治流感、咳嗽、咳黄痰等症。

材料
桑叶、枇杷叶各5克，菊花2克。

调料
冰糖适量。

做法
将所有材料和调料放入保温杯中，用沸水冲泡，盖闷10~15分钟后，代茶饮用。

爱心叮咛

- 此饮适合外感风热、肺热咳嗽、痰多黄稠或肺燥干咳、口渴咽干、胃热呕吐者饮用。
- 桑叶菊花茶是防感冒的常用茶，添加枇杷叶可强化止咳化痰的效果。
- 此饮偏苦，饮用时可加水冲淡，或少量多次饮用。
- 枇杷叶、桑叶均较为苦寒，脾胃虚寒、风寒咳嗽及胃寒呕吐者不宜饮用。

枇杷叶有清肺止咳、平喘、止呕的功效，常用于防治肺热咳喘。选用蜜炙枇杷叶，止咳平喘的效果更好。

橘皮橘络茶

功效

止咳化痰，理气和胃，用于防治气逆咳嗽、痰多、胸闷、呕吐等。

材料

干橘皮5克，橘络1克。

做法

将干橘皮与橘络一起放入杯中，以沸水冲泡，盖闷10分钟后，代茶饮用。

好喝指数 ★★★★★

干橘皮的制法：将新鲜的橘皮用清水浸泡冲洗，除去表面的污垢，再用淘米水浸泡10分钟左右，放在通风阴凉处干燥一个星期，盛入密封的瓶中保存一年以上即可。也可以直接购买陈皮使用。

爱心叮咛

- 橘皮有理气降逆、化痰止咳、健脾和胃的功效。橘络为橘瓣上的白色网状经络，有通络化痰、理气的功效，常用于治疗痰滞咳嗽等症。
- 新鲜橘皮农药残留较多，不宜直接泡水饮用，要经过1年以上的干制才安全。
- 橘皮较辛温，气虚及阴虚燥咳者不宜饮用。

好喝指数 ★★★★★

薄荷甘草茶

功效
清肺止咳，解毒利咽，用于防治咳嗽、咽喉炎等。

材料
薄荷5克，生甘草3克。

做法
将所有材料放入杯中，倒入开水冲泡，盖闷10分钟后，代茶饮用。

爱心叮咛

❤ 薄荷散风热、清咽喉，甘草化痰止咳、清热解毒。此饮适合气管炎、肺部感染、咽炎、热毒咽喉肿痛、声音嘶哑者饮用。

❤ 气虚多汗及中满腹胀者不宜饮用。

❤ 6岁以下的孩子不宜多用和久服甘草。

甘草有益气润肺、镇咳化痰、清热解毒、缓急止痛的功效，常用于缓解咽喉肿痛、咳嗽痰多、气喘等症状。

桑白皮茶

好喝指数 ☆☆☆☆☆

功效

清泻肺热，止咳平喘，用于防治肺热咳嗽。

材料

桑白皮20克。

调料

冰糖适量。

做法

1 将桑白皮放入锅中，加适量水，煎煮30分钟，滤渣取汁。

2 加入冰糖溶化搅匀，代茶饮用。

桑白皮是桑树的干燥根皮，有泻肺平喘的作用，常用于防治肺热喘咳。

爱心叮咛

♥ 此饮适合肺热咳嗽、喘痰者饮用，也可用于防治小儿肺盛、气急喘嗽。

♥ 桑白皮利尿作用强，小便多者不宜饮用。

♥ 此饮偏苦，饮用时可加水冲淡，或少量多次饮用。

♥ 桑白皮性寒，宜于肺热者，而肺虚无火、风寒咳嗽者不宜饮用。

好喝指数 ★★★★★

双叶茶

功效

清肺降气，止咳化痰，用于防治肺热咳嗽、咽干不适、声音嘶哑等。

材料

枇杷叶、淡竹叶各6克。

调料

冰糖适量。

做法

1 将枇杷叶、淡竹叶一起放入茶壶中，用沸水冲泡，盖闷15~20分钟。

2 加入冰糖溶化搅匀，代茶饮用。

爱心叮咛

♥ 《滇南本草》中记载枇杷叶可"止咳嗽，化痰定喘，能断痰丝，化顽痰，散吼喘，止气促"。淡竹叶可清热泻火，化痰止烦渴，常用于咽喉肿痛、烦热咳喘。

♥ 此饮偏苦，饮用时可加水冲淡，或少量多次饮用。

♥ 此饮适合肺热咳嗽者，脾胃虚寒及风寒咳嗽者不宜饮用。

炙枇杷叶

用于止咳宜用蜜炙枇杷叶。

款冬百合茶

好喝指数 ★★★★★

功效

润肺下气，止咳化痰，可用于防治各类咳嗽痰喘。

材料

款冬花、鲜百合各10克。

调料

冰糖15克。

做法

将款冬花、鲜百合和冰糖一起放入杯中，冲入沸水，闷泡15分钟后，代茶频饮。

款冬花是治咳良药，咳嗽无论寒热虚实、病程长短均宜使用。

爱心叮咛

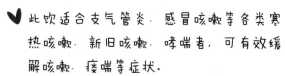

- 此饮适合支气管炎、感冒咳嗽等各类寒热咳嗽、新旧咳嗽、哮喘者，可有效缓解咳嗽、痰喘等症状。

- 此饮偏苦，饮用时可加水冲淡，或少量多次饮用。

- 款冬花能治新老咳嗽，其性较为辛温，而百合性寒，搭配起来较为平和。家长也可根据孩子的寒热情况调整材料的用量。

川贝枇杷茶

好喝指数 ★★★★★

功效

清肺利咽，止咳化痰，常用于防治风热咳嗽、痰多、燥咳等。

材料

枇杷叶、杏仁各6克，桔梗、川贝母、薄荷各3克。

调料

白糖适量。

川贝母味苦、甘，性微寒，有清肺热、润肺燥、化痰止咳的功效，常用于防治热痰咳嗽。

桔梗有宣肺、利咽、化痰、排脓的功效，寒热咳嗽皆宜，常用于缓解咳嗽痰多、咽痛音哑等症状。

做法

1 将川贝母研成粉，杏仁捣碎。

2 与枇杷叶、桔梗、薄荷一起装入茶包内。

3 将茶包放入茶壶中，用沸水冲泡，盖闷15分钟，调入白糖，代茶饮用。

爱心叮咛

💜 枇杷叶、杏仁镇咳，川贝母、桔梗化痰，薄荷宣散风热。此饮适合风热咳嗽、痰热稠黄、痰多黏稠、咯痰不爽、咽喉肿痛、头痛身热、鼻流黄涕、口干烦渴者饮用。

💜 此饮偏苦，饮用时可加水冲淡，或少量多次饮用。

💜 风寒咳嗽、有寒痰者不宜饮用。

好喝指数 ★★★★☆

芦根橄榄茶

功效

清咽润喉，缓解咽喉肿痛、慢性咽炎，预防感冒。

材料

干芦根10克，橄榄2枚。

做法

将芦根和橄榄放入杯中，倒入开水，闷泡15~20分钟后，代茶饮用。

芦根味甘，性寒，能生津止渴、清热润燥，常用于防治热性咳嗽。

橄榄有清肺利咽、化痰理气的功效，缓解咽喉肿痛较为有效。青橄榄过酸，用腌制加工过的咸橄榄更好一些。

爱心叮咛

- ✔ 此饮适合咽喉肿痛、咽干声哑、慢性咽炎、肺热及风热咳嗽者饮用。
- ✔ 感冒多发季节饮用可预防感冒。
- ✔ 重症感冒、扁桃体化脓者不宜饮用。
- ✔ 脾胃虚寒及风寒咳嗽者不宜饮用。

榄海蜜茶

功效

清热解毒，利咽润喉，用于防治慢性咽炎、声音嘶哑、咽痛干咳。

材料

橄榄、胖大海各2枚，绿茶3克。

调料

蜂蜜15克。

做法

1 将橄榄、胖大海、绿茶一起放入保温杯中，以开水冲泡，盖闷15~20分钟。

2 倒出茶汁待温凉，调入蜂蜜拌匀，代茶饮用。

好喝指数 ★★★★☆

胖大海味甘，性寒，可清肺化痰，利咽开音，常用于缓解肺热声哑、咽喉疼痛、咳嗽等症状。

爱心叮咛

♥ 橄榄、胖大海均为防治咽喉疾病的要药，橄榄、胖大海均能清肺利咽，橄榄兼能生津化痰，绿茶能清热降火，蜂蜜可润燥解毒。此茶可防治慢性咽喉炎，缓解咽干喉痛、声音嘶哑等症状。

♥ 脾胃虚寒、便溏者不宜饮用。

百合枇杷藕饮

好喝指数 ★★★★★

功效

养阴清热，润肺止咳，用于防治风热咳嗽及燥咳。

材料

鲜百合20克，枇杷果100克，鲜藕50克。

调料

白糖适量。

百合可清肺热，润肺燥，止咳化痰，对缓解肺热咳嗽痰多、秋季燥咳干咳相当有效。

枇杷果是润肺止咳的佳果。没有鲜果时，也可以用枇杷罐头代替。

做法

1 将枇杷果去皮、核，切成丁，百合、鲜藕分别洗净，切丁。

2 把处理好的各材料都放入打汁机中，加适量清水，搅打成汁。

3 倒出果汁（可用滤网滤掉粗粒），加入白糖，搅拌均匀即可饮用。

爱心叮咛

♥ 百合清肺止咳，鲜藕清热生津，枇杷清热化痰。此饮适合风热咳嗽、干咳燥咳、久咳不愈、无痰或少痰、痰黏难咳、声音嘶哑者饮用。

♥ 百合较为寒凉，脾胃虚寒及风寒咳嗽痰多色白者不宜多饮。

好喝指数 ★★★☆☆

罗汉果茶

功效

清热止咳，利咽润喉，用于防治支气管炎、咽喉炎。

材料

罗汉果5克。

调料

冰糖适量。

做法

将罗汉果破碎，和冰糖一起放入杯中，用沸水冲泡，盖闷15分钟后，代茶饮用。

爱心叮咛

❤ 此茶适合肺热、肺燥所致的痰火咳嗽、气喘、咽喉肿痛、扁桃体炎、咽炎、声音嘶哑者饮用。

❤ 平时说话、唱歌较多者也可常饮，保护嗓子。

❤ 脾胃虚寒、泄泻者不宜饮用。

罗汉果味甘，性凉，可清肺热、化痰饮、利咽喉，常用于缓解痰火咳嗽、咽痛失音等症状。

甘蔗梨茶

功效

清肺热、化痰、利咽、生津。

材料

甘蔗、梨各100克。

做法

1 将甘蔗削皮，洗净，切成小块；梨去皮、核，取果肉，切小块。

2 把甘蔗、梨肉一起放入打汁机中，加适量水，搅打成汁，滤渣后饮用。

好喝指数 ★★★★★

甘蔗可清热生津，除热止渴，常用于缓解发热口干、肺燥咳嗽、咽喉肿痛、心胸烦热、反胃呕吐、大便燥结等症状。

爱心叮咛

♥ 此饮能润肺生津、止咳化痰，适合咽喉肿痛、口干舌燥、肺热咳嗽、痰多黄稠、内热烦渴者饮用。

♥ 甘蔗和梨都比较寒凉，脾胃虚寒、风寒咳嗽、痰白清稀者不宜饮用。

皮肤起疹子，茶疗有良方

孩子身上怎么突然冒出了许多疹子、斑点或肿块？看着孩子不断抓挠红肿痒痛的皮肤，妈妈心里一定很着急吧。这是儿童常见的皮肤过敏症或是由传染病等引起的皮肤病。由于儿童免疫力较差，受感染的机会也较多，最多发的就是荨麻疹（风疹）、麻疹、热疹（痱子）、湿疹、过敏等。我国自古就有不少茶疗小方，对防治皮肤过敏、传染病简便有效。

柳叶茶

好喝指数 ★★★★☆

功效

清热透疹，利尿解毒，可辅助治疗小儿透疹不畅。

材料

青嫩柳树叶30克。

调料

冰糖适量。

做法

将青嫩柳树叶洗净，和冰糖一起放入茶壶中，以沸水冲泡，盖闷10分钟后，代茶饮用。

柳叶可清热、透疹、利尿、解毒。可用于治疗痧疹透发不出、皮肤瘙痒、疔疮疖肿、丹毒等。春、夏两季采收柳叶，鲜用或晒干用均可。

爱心叮咛

- 民间常用柳叶煎汤，内服并洗身，可辅助治疗小儿麻疹、疹透不畅、黄疸。
- 此茶对呼吸道炎症、肺炎、化脓性腮腺炎、传染性肝炎、皮肤疖肿等也有一定的防治作用。
- 柳叶较为苦寒，体质虚寒者不宜饮用。

好喝指数 ★★★★★

芫荽茶

功效

发表透疹，用于麻疹初热期、透发不畅者。

材料

鲜芫荽（香菜）30克。

做法

将芫荽洗净，切碎，放入锅中，加适量水，煎煮10分钟，滤渣取汤汁，代茶趁热饮用。

爱心叮咛

💙 此茶适合早期时麻疹、风疹，或见形期疹点不多、透发不畅者饮用。

💙 此茶汤也可外用熏洗，或趁热频擦患儿的头面颈部，可助麻疹透发。

💙 麻毒深重者或疹已发透者不宜饮用。

💙 气虚、多汗者不宜饮用。

芫荽也叫香菜、胡荽，味辛，性温，可发汗透疹、辟秽开胃，兼治痰嗽，可用于缓解麻疹、风疹不透、感冒头痛无汗、食欲不振、咳嗽多痰、胃滞腹胀等症状。

荠菜茅根茶

功效

健脾利水，清热解毒，用于防治小儿麻疹。

材料

鲜荠菜100克，白茅根50克。

调料

冰糖适量。

做法

将鲜荠菜、白茅根分别洗净，放入锅中，加适量水和冰糖，煎煮15分钟，滤渣取汤汁，代茶饮用。

好喝指数 ★★★★☆

荠菜凉血止血，清热解毒，利尿消肿，常用于预防麻疹，治疮疖、赤眼。

白茅根凉血止血，清热利尿，常用于防治出血证、热病烦渴、黄疸、水肿。

爱心叮咛

❤ 春季麻疹多发，荠菜正是春季时令野菜，防治麻疹正合时宜。

❤ 此茶适合在出疹期饮用，可起到清热解毒的作用。

❤ 此茶较寒凉，脾胃虚寒、腹泻者不宜饮用。

胡萝卜荸荠茶

好喝指数 ★★★★★

功效

清热解毒，生津益胃，用于防治小儿麻疹、暑热烦渴。

材料

胡萝卜、荸荠各100克。

胡萝卜可健脾和中，明目，化痰，清热解毒。《岭南采药录》中说："凡出麻痘，始终以此煎水饮，能消热解毒。"

荸荠也叫马蹄，味甘，性寒，有清热止渴、利湿化痰的功效。常用于缓解热病伤津烦渴、咽喉肿痛、口腔炎、湿热黄疸、小便不利、麻疹、肺热咳嗽、小儿口疮等症状。

做法

1 将胡萝卜、荸荠分别去皮，洗净，切成片。

2 将胡萝卜片和荸荠片一起放入锅中，加适量水，大火烧开，改小火，煎煮15分钟。

3 滤渣取汤汁，代茶温热饮用。

爱心叮咛

▼ 此饮可作为小儿麻疹、水痘、疖肿等疾病的辅助茶疗方，并对皮肤过敏、皮炎、口疮、咽喉肿痛、目赤等均有一定的防治作用。

▼ 荸荠较寒凉，脾胃虚寒者不宜多饮。

不惧雾霾天，聪明妈妈有妙招

雾霾含有大量对人体有害的细颗粒、有毒物质，给健康带来了不可忽视的负面影响，首先是呼吸道疾病的患病概率大幅增长，其次是胸闷、头痛、烦躁等症多见。孩子每天要上学，怎样才能增强孩子身体的自我防护能力、尽量减少雾霾对身体的危害呢？给孩子准备一些清肺茶，让孩子带着去上学，是一个不错的方法。

抗霾防疫茶

功效

清热解毒，抗菌消炎，可用于预防感冒、呼吸道感染。

材料

蒲公英、金银花、菊花各3克。

调料

冰糖适量。

做法

将蒲公英、金银花、菊花和冰糖一起放入保温杯中，以沸水冲泡，盖闷15分钟后，代茶饮用。

好喝指数 ★★★★☆

蒲公英可清热解毒，消肿散结，适用于防治热毒疮痈、目赤咽肿、支气管炎、扁桃体炎、热结便秘。

爱心叮咛

- ❤ 在不良环境下饮用此茶，可起到抗菌消炎的作用，尤其适合防御呼吸道系统的感染，并能缓解轻症感冒的不适。
- ❤ 蒲公英和金银花均性寒，用于保健防疫时，不宜用量过多，否则容易导致腹泻。
- ❤ 脾胃虚寒、腹泻、便溏者不宜饮用，婴幼儿也不宜饮用。

好喝指数 ★★★★☆

薄荷柠檬茶

功效

清热利咽，提神醒脑，缓解胸闷、头痛。

材料

薄荷、绿茶各3克，柠檬1片。

做法

1 将薄荷、绿茶放入杯中，用沸水冲泡，闷泡至稍温。

2 投入柠檬片，再闷泡10分钟后，代茶饮用。

爱心叮咛

❤ 雾霾天饮用此茶，可缓解胸闷、头痛、精神萎靡、心情烦躁、咽喉疼痛、食欲不振等症状，对预防感冒、头痛也有一定作用。

❤ 湿热、暑热、雾气重时也宜饮用，可防暑除湿，辟邪解毒。

❤ 脾胃虚寒、气虚及胃酸过多者不宜多饮。

柠檬片不宜用过热的水浸泡，所以最好等茶温降下来后再放入柠檬片。没有新鲜柠檬片时，也可用干品替代。

荸荠雪梨茶

功效

清咽利喉，杀菌抗炎，生津利尿，清肺排毒。

材料

荸荠、雪梨各100克。

做法

1 将荸荠去皮，洗净，切块；雪梨去核，切成小块。

2 荸荠、雪梨一起放入打汁机中，加适量水，搅打成汁，过滤取汁饮用。

好喝指数 ⭐⭐⭐⭐⭐

荸荠可清热泻火、凉血解毒、化痰利咽、通便利尿，并含有抗病毒物质，是预防传染病的天然食材。

爱心叮咛

❤ 梨可利尿生津、清热排毒，荸荠可杀菌消炎、养护咽喉。在雾霾天饮用此茶可起到清肺排毒的作用，有效缓解咽喉干痒、肿痛、咳嗽、烦渴等症状。

❤ 此茶较为寒凉，脾胃虚寒、腹泻、尿多者不宜多饮。

好喝指数 ★★★★☆

甘蔗萝卜百合茶

功效

下气化痰，润肺止咳，预防呼吸道疾病。

材料

甘蔗100克，白萝卜50克，鲜百合20克。

做法

1. 将甘蔗削皮，切小块；白萝卜去皮，洗净，切块；鲜百合择瓣，洗净。
2. 将所有材料一起放入打汁机中，加适量水，搅打成汁，过滤后，代茶饮用。

爱心叮咛

💗 白萝卜消食顺气、止咳化痰，甘蔗生津润燥，百合清热润肺。此茶可有效养护呼吸系统，预防感冒、咳嗽、咽肿，适合在雾霾天饮用。

💗 平时有内热、易上火者最宜常饮，而脾胃虚寒、气虚体弱者不宜多饮。

银耳梨茶

功效

养阴润肺，生津止渴，通便排毒。

材料

雪梨100克，水发银耳50克。

做法

1 将雪梨去核，切块。

2 水发银耳加适量水煮30分钟至软烂，投入梨块，续煮20分钟。

3 过滤取汁，代茶饮用。

好喝指数 ★★★★☆

银耳以干燥、色白微黄、朵大、有光泽、胶质厚者为上品。颜色过白则常是经加工漂白过的，色黄暗浊者则储存过久，二者均不宜选用。

爱心叮咛

♥ 银耳可滋阴润燥、净肠排毒，梨则生津利尿、止咳化痰。此茶可生津液、润肺燥、止烦渴，有助于预防呼吸道疾病，并能通便利尿，促进人体有毒物质的代谢，提高免疫力。

♥ 有风寒咳嗽、寒痰者不宜饮用，虚寒腹泻、尿多者也不宜多饮。

好喝指数 ★★★★☆

清肺茶

功效
清肺利咽，生津润燥，预防多种传染病。

材料
罗汉果20克，乌梅15克，百合10克。

调料
冰糖适量。

做法
将罗汉果捣碎，和乌梅、百合、冰糖一起放入保温杯中，冲入沸水，闷泡15分钟后，代茶饮用。

爱心叮咛

💛 罗汉果清肺利咽、化痰止咳，乌梅生津止渴、下气祛痰，百合养阴润肺、清心安神。此茶是清肺良方，可用于防治咽喉干痒肿痛、燥热咳嗽、心烦口渴，并有预防呼吸道传染病的作用。

💛 脾胃虚寒者不宜多饮。

乌梅有预防传染病、增强免疫力的作用，是防疫常用品，尤其是外出闹肚子、感冒咳嗽及晕车晕船者，均宜常备。

桂花甘草茶

功效

解毒，抗炎，利咽，祛痰，除臭，可预防上呼吸道炎症。

材料

桂花2克，甘草5克。

做法

将桂花和甘草放入杯中，以开水冲泡，盖闷10分钟后，代茶饮用。

好喝指数 ★★★★☆

桂花味辛，性温，可散寒破结，化痰止咳，芳香除臭。常用于防治牙痛、口臭、咳喘痰多、口腔炎、食少倦怠。

爱心叮咛

❤ 甘草益气解毒，祛痰止咳，缓急止痛，加上芳香除臭的桂花，可起到抗炎、解毒、祛痰的作用，适合咽喉肿痛、咳嗽痰多、气喘、口气不佳、食欲不振、昏沉烦躁者，并有一定的防疫作用。

❤ 婴幼儿不宜多饮。

好喝指数 ★★★★☆

杏仁梨茶

功效

润肺止咳，生津止渴，润肠通便，预防呼吸道感染。

材料

甜杏仁10克，梨150克。

调料

冰糖20克。

做法

1 将甜杏仁捣碎；梨去核，连皮一起切块。

2 将杏仁和梨一起放入锅中，加适量水同煮30分钟。

3 滤渣取汤汁，加冰糖溶化拌匀后，代茶饮用。

爱 心 叮 咛

❤ 杏仁可祛痰止咳，平喘，润肠，常用于防治外感咳嗽、喘满、喉痹、肠燥便秘。搭配生津润燥、止咳化痰的梨，非常有利于肺部及呼吸道的养护，是雾霾天里清肺护肺的保健良方。

❤ 此茶润肠通便的作用较强，腹泻、便溏者不宜多饮。

杏仁有苦杏仁和甜杏仁之分，苦杏仁味苦，且有小毒，不宜多服，给孩子用甜杏仁比较安全。

肆

调养脾胃篇

食滞便秘肚子胀，消除积滞清肠胃

饮食积滞在儿童中相当常见。小儿脾胃功能差，一旦饮食不节、喂养不当，就容易发生积滞胀满、消化不良。由于孩子的自我控制能力差，爱吃的东西停不下来，常常吃了太多的甜食、肉类，再加上运化能力不足，食物在肠胃中停聚不化、积而不消、气滞不行，就会表现出没有食欲、食少、腹胀、腹痛、便秘等症状。不少花草茶对于清除积滞、疏通肠胃有良好的作用，在孩子出现积滞症状时，不妨冲泡一杯花草茶及时调理。

山楂陈皮茶

功效

促运化，消食积，化气滞，止腹痛。

材料

山楂干5克，陈皮2克，红茶5克。

做法

将山楂干、陈皮和红茶一起放入杯中，以开水冲泡，盖闷10分钟后饮用，可多次冲泡。

好喝指数 ★★★★☆

山楂是消积滞的天然良药，尤其对化解肉食积滞、促消化的效果尤佳，是防治小儿食积、开胃健运的常用材料。在鲜品上市时用鲜品，效果也非常好。

爱心叮咛

♥ 此茶能和胃、消积、理气，可缓解腹胀、腹痛、食积不化、食欲不振、气逆干呕等症状。

♥ 红茶有养胃、促进消化的作用，适合脾胃虚弱及胃寒者日常保养。

♥ 山楂、陈皮均偏酸，胃酸过多、消化道溃疡者不宜饮用。

好喝指数 ★★★★★

香蕉蜂蜜茶

功效

润肠通便，用于防治大便难解、干涩秘结。

材料

香蕉100克。

调料

蜂蜜15克。

做法

1 将香蕉去皮，切段，放入打汁机中，加适量水，搅打成香蕉汁。

2 倒入杯中后，调入蜂蜜，拌匀饮用。

爱心叮咛

❤ 香蕉可清热解毒、润肠通便、消除烦闷，蜂蜜润肠燥、通大便。二者合用可起到清肠排毒、消除肠胃积滞的作用，尤宜大便不通、干涩难解、烦闷不畅的孩子饮用。

❤ 脾胃虚寒、便溏、腹泻者不宜饮用。

❤ 1岁以下的儿童不宜食用蜂蜜。

香蕉用于通便，安全又有效，是防治小儿便秘的常用材料。不用蜂蜜的话，用酸奶搭配，通便效果也很好。

消食萝卜茶

功效

消食化滞，顺气化痰，用于防治食积腹胀、消化不良。

材料

白萝卜100克。

调料

白糖10克。

做法

1 将白萝卜去皮，洗净，切成碎丁。放入打汁机，加适量水，搅打成萝卜汁。

2 倒出萝卜汁，过滤掉渣子，加入白糖，搅匀饮用。

好喝指数 ★★★★☆

不少吃奶粉的宝宝非常容易腹胀、便秘，妈妈们都很头痛，不妨饮用此茶来缓解症状。

爱心叮咛

💙 此茶可除热毒，宽胸下气，清胃通肠。适合饮食积滞、脘腹胀满、消化不良、食欲不振、胃热呕吐、气逆打嗝、大便不畅者常饮。

💙 从开始吃辅食的婴幼儿到上学的孩子，凡有食积气滞者，均宜饮用此茶。

💙 脾胃虚寒、气虚体弱者不宜多饮。

好喝指数 ★★★★☆

胡萝卜茶

功效
行气消食，用于婴幼儿饮食积滞。

材料
胡萝卜100克。

调料
红糖适量。

做法
1 将胡萝卜去皮，洗净，切成小丁，放入锅中，加适量水，煎煮15分钟。
2 过滤后把茶汤倒入杯中，加入红糖调匀即可饮用。

爱心叮咛

❤ 此茶适合积滞腹胀、食积不化、吐泻不止、哭闹不安的婴幼儿饮用。

❤ 胡萝卜可宽中下气，散胃中邪滞。《本草纲目》曰"下气补中，利胸膈肠胃，安五脏，令人健食。"

❤ 胡萝卜食用安全，婴幼儿可放心食用。

煮过的胡萝卜非常软烂，喝完汤汁后，可将剩下的胡萝卜丁捣成泥，作为辅食喂给孩子吃。

大麦茶

功效

健脾开胃，帮助消化，去除油
腻，化解饮食积滞。

材料

炒制大麦芽10克。

做法

将炒制大麦芽放在杯中，以开
水冲泡，盖闷10分钟后，代茶
饮用。

好喝指数 ☆☆☆☆☆

大麦芽味甘、性平，有去腹
胀、消积进食、平胃止渴、益
气调中、壮血脉、实五脏、化
谷食的功效。炒制大麦的健脾
开胃作用更强。

爱心叮咛

♥ 此茶可助消化、解油腻、去腥膻、养脾
胃，尤其对化解肉食油腻、谷食不化、
饮食过量引起的食积、腹胀、食欲不
振、便秘、烦躁不宁等相当有效。

♥ 因长期食积、消化不良所致面黄肌瘦的
小儿尤宜常饮。

好喝指数 ★★★★★

海带决明子茶

功效

清热解毒，净肠通便，用于防治热毒火盛、大便燥结。

材料

海带10克，决明子5克。

做法

1. 将海带用清水浸泡软，切成细丝。

2. 海带丝与决明子一起放入茶壶中，以沸水冲泡，盖闷20分钟后，代茶饮用。

爱心叮咛

❤ 此茶通泻作用较强，适合小儿疳积、腹胀、便秘、水肿者饮用。

❤ 也适合热毒火盛所致眼睛红肿、皮肤疮肿疔癣者饮用。

❤ 决明子味道较苦，可减少用量或饮用时加蜂蜜调味。

❤ 脾胃虚寒、便溏、腹泻及无滞胀者忌用。幼儿及体形瘦弱的孩子慎用。

决明子具有缓泻作用，利水通便效果显著。应在孩子积滞症状较重时再用，平时不宜常用，否则容易导致腹泻。

菠菜蜂蜜茶

好喝指数 ⭐⭐⭐⭐⭐

功效

疏通肠胃，通便消积，用于防治食滞、便秘。

材料

菠菜100克。

调料

蜂蜜15克。

做法

1. 将菠菜择洗干净，切段，放入开水中焯烫至熟，捞出菠菜段，放入打汁机中，加适量水，搅打成菠菜汁。
2. 过滤出菠菜汁，调入蜂蜜拌匀饮用。

菠菜含草酸较多，需要经过焯烫才能去除，所以此步骤不可省略。焯烫菠菜的水不宜饮用，打汁应另加水。

爱心叮咛

- ❤ 菠菜清肝火、通肠道，蜂蜜润燥排毒。此饮可润肠通便，适合饮食积滞、肠胃积热、大便不通者饮用。
- ❤ 有风火赤眼、痛肿、燥渴者也宜饮用。
- ❤ 脾胃虚寒、便溏、腹泻者不宜饮用。
- ❤ 1岁以下的婴幼儿不宜食用蜂蜜。

好喝指数 ★★★★★

菠萝酸奶饮

功效

开胃增食，促进消化，排毒通便，畅通肠胃。

材料

菠萝150克，酸奶200毫升。

调料

白糖适量。

做法

1 菠萝去皮取肉，切块，用淡盐水浸泡30分钟。

2 将菠萝块放入打汁机中，倒入酸奶和少量水，搅打均匀，倒入杯中，调入白糖饮用。

爱心叮咛

❤ 菠萝可助消化，酸奶能通肠道。此饮有助于改善肠胃功能，提高运化能力，适合消化不良、食欲不振、食积腹胀、大便不通者饮用。

❤ 脾胃虚寒、腹泻者不宜饮用。

❤ 胃酸过多者不宜多饮。

菠萝用淡盐水浸泡后，可去除酸涩的口感，如果还是觉得酸，可通过适量加糖来调口感。

芦荟茶

功效

泻下通便，调和脾胃，清肝，杀虫。

材料

芦荟50克。

做法

1 芦荟削去硬皮，取肉切小条。
2 将芦荟肉放入打汁机中，加适量水，搅打成汁，过滤后饮用。

好喝指数 ★★★★★

芦荟是一味苦寒降泄的缓泻药，常用于治疗便秘，效果显著，但清泻作用较强，不宜多用、久用。

爱心叮咛

💙 芦荟能泻下通便，清肝火，除烦热，适合小儿疳积、热结便秘、火旺心烦、虫积腹痛者饮用。

💙 脾胃虚寒、便溏、腹泻者忌用。无饮食积滞、便秘者及幼儿慎用。

💙 有积滞症状者，畅通应立即停用，不宜多饮久服。

脾虚腹泻这样喝

拉肚子没精神，

孩子总是拉肚子，是另一个困扰父母的难题。小儿脏腑娇嫩，尤其是脾胃运化功能虚弱，无论感染风、寒、暑、湿等外邪，还是伤食或脾胃虚寒，均易导致腹泻。一般表现为大便次数增多、性状改变，并常伴有发热、呕吐、食欲不振、精神萎靡等症状。导致腹泻的原因很多，比较常见的有肠道感染（病毒或细菌感染）、过敏（牛奶或大豆类）及不良气候（寒冷或湿热）、喂养不当等因素。一旦出现轻型腹泻症状，就要及时对症调理，适当饮用花草茶，不仅可以止吐泻，还能防脱水，是比较好的食疗选择。

红枣生姜茶

功效

温中散寒，益气补中，用于防治泄泻、肠炎。

材料

去核红枣15克，姜粉5克。

做法

1 将红枣炒至焦黄，研成碎末。

2 把红枣末与姜粉一起装入茶包，置于杯中，以冲入沸水，闷泡15分钟后，代茶趁热饮用。

好喝指数 ★★★★☆

红枣补脾益胃，生姜辛温散寒。不炒制而直接泡饮也有暖胃、和中、驱寒的作用，炒制后可增强温热属性，止泻效果更好。

爱心叮咛

♥ 此茶适合腹泻、大便溏薄或完谷不化，甚至水样便者饮用，尤宜外感寒邪所致腹泻以及肠炎、肠功能紊乱等引起的腹泻。

♥ 此茶可导致便秘，因此，脘腹胀满、内热火旺、热结便秘者忌用。

♥ 水泻停止后不宜再多饮。

好喝指数 ★★★★★

姜草茶

功效
温胃散寒，止呕止泻，用于防治胃寒吐泻。

材料
干姜5克，甘草3克，红茶2克。

做法
将所有材料放入茶壶中，以沸水冲泡，盖闷15分钟后，代茶饮用。

爱心叮咛

- 干姜温中祛寒，炙甘草和中缓急，红茶健胃消食。此茶性温，适合外感寒邪所致的大便溏薄、胃寒呕吐者。
- 平日脾胃虚寒者也可饮用此茶调养。
- 体质偏热、内热火旺、舌红口干、胃热呕吐者不宜饮用。

干姜的热性比生姜更强，常用于防治脘腹冷痛、呕吐泄泻。没有干姜时，也可将生姜洗净，切片，自行炒干使用。

萝卜叶茶

功效

下气，开胃止泻，用于防治伤食泄泻。

材料

干萝卜叶20~30克。

做法

将干萝卜叶放入锅中，加适量水，煎煮10分钟，滤渣，取茶汤饮用。

好喝指数 ★★★★★

萝卜叶也叫萝卜缨、萝卜秆，善消食、理气，可用于缓解胸膈痞满、食滞不消、泻痢等症状。

爱心叮咛

💛 此茶对喂养不当造成的伤食泄泻有疗效，并适合脾胃不和、食滞不消、胸腹胀满、打嗝、呕吐酸水者饮用。

💛 萝卜叶为下气品，气血虚弱者不宜饮用。

💛 非伤食积滞所致的泄泻者不宜饮用。

好喝指数 ★★★★★

车前米仁茶

功效

健脾利湿，涩肠止泻，用于防治脾虚泄泻、便溏。

材料

炒车前子、炒薏苡仁各10克，红茶2克。

做法

将所有材料放入锅中，加适量水，煎煮20分钟，滤渣取汤，分多次饮用，1天喝完。

车前子可利湿止泻，常用于缓解水肿胀满、暑湿泄泻等症状。

薏苡仁也叫薏仁米，可健脾利湿，炒用能增强其健脾功能。

爱 心 叮 咛

❤ 此茶适合慢性脾虚泄泻者饮用，尤宜大便时溏时泻，稍吃些油腻就加重，甚至完谷不化，常伴有吃饭不香、脘腹胀满、面色萎黄、神疲乏力、舌苔淡白等症状者饮用。

❤ 此茶对湿热、暑湿泄泻的轻症也有一定的缓解作用。

❤ 寒湿或伤食引起的急性腹泻者不宜饮用。

姜梅茶

功效

清热生津，止痢，消食，温中，用于防治腹泻、细菌性痢疾。

材料

生姜10克，乌梅肉15克，绿茶3克。

调料

红糖适量。

做法

将生姜切细丝，同乌梅、绿茶一起放入杯中，以沸水冲泡，盖闷30分钟，再调入红糖溶化拌匀，温热后饮用。

好喝指数 ★★★★★

乌梅是防治痢疾等肠道传染病的常用材料。

爱心叮咛

❤ 此茶适用于细菌性痢疾轻症。此病为夏秋两季节常见的肠道传染病，主要表现为发热、乏力、食欲减退、腹痛、腹泻、里急后重、大便中有黏液脓血。3岁以上儿童为易感人群。

❤ 如为急性、重症菌痢，出现高热、中毒症状时应立即送医，此茶只有辅助效果。

好喝指数 ★★★★★

苹果茶

功效
健脾止泻，用于防治小儿脾胃不和、脾虚腹泻。

材料
鲜苹果1个（约150克）。

调料
白糖适量。

做法
将苹果去核，切成小块，放入锅中，加适量水，煎煮20分钟，过滤后倒入杯中，调入白糖拌匀，代茶饮用。

爱心叮咛

❤ 苹果可双向调整肠胃功能，既能促进消化、防治便秘，又能涩肠止泻，是常用止泻食品，且煮过后食用更安全，婴幼儿也可饮用。

❤ 此茶尤宜小儿慢性脾虚腹泻者饮用，也宜经常大便溏薄、完谷不化、腹胀食少、疲乏神倦、面色萎黄者饮用。

❤ 因伤食或湿热引起腹泻者不宜饮用。

千万不要用市场购买的苹果汁饮料替代，因其果汁比例极低、添加物多，生冷寒凉反而会加重腹泻。

莲子山药茶

功效

补脾益气，涩肠止泻。

材料

去心莲子、山药各20克。

调料

白糖适量。

做法

1 将去心莲子和山药放入锅中，加适量水，小火煎煮1小时。

2 经过滤后倒入杯中，加入白糖，搅拌均匀即可饮用。

好喝指数 ★★★★☆

莲子一定要去掉莲子心，莲子心苦寒，易加重腹泻。

爱心叮咛

♥ 莲子可补脾止泻，山药健脾益气。二者合用能起到补益脾气、涩肠止泻的作用，脾胃虚弱者尤宜常饮。

♥ 此茶适合脾虚食少、泄泻、便溏、久泻久痢、形体瘦弱者饮用。

♥ 脘腹胀满、大便燥结者不宜饮用。

♥ 因伤食、湿热、暑热所致泄泻者不宜饮用。

泛酸呕吐食欲差，调和脾胃有良方

呕吐是儿童经常出现脾胃不和的现象。从吃奶的婴儿开始，逐渐过渡到成人饮食，脾胃有一个适应的过程，运化功能也是随着年龄的增长日渐完善。因此，儿童一旦出现气逆、胃热或受寒、消化不良、积滞等问题，就会出现恶心呕吐、拒食、泛酸或吐酸水、酸腐物等胃部不适症状，并常伴有口臭、大便恶臭等状况。如果长期脾胃不和，经常呕吐，孩子容易营养不良，不仅个子长不高，还常常面黄肌瘦、四肢无力，严重影响生长发育。所以，调养好脾胃是保证孩子健康成长的关键所在，也是在为孩子未来的好身体打基础，家长们切莫掉以轻心。

甘蔗姜汁茶

功效

健脾益胃，降逆止呕，用于防治胃气不和导致的呕吐。

材料

生姜15克，甘蔗100克。

做法

1. 将生姜切片；甘蔗去皮，洗净，切片。
2. 二者一起放入打汁机中，加适量水，搅打成汁，过滤后倒出，代茶饮用。

好喝指数 ★★★★☆

生姜被称为"止呕圣药"，对各类呕吐均有一定的疗效，且有暖胃止痛、止泻的功效。

爱心叮咛

♥ 生姜养胃止呕，甘蔗下气和中，清热生津。此茶适合胃气上逆所致的反胃呕吐、嗳嗝、饮食不下者饮用。

♥ 甘蔗性寒，生姜性温。二者合用则性质较平和，不同体质及各年龄的孩子皆宜饮用。

好喝指数 ★★★★☆

姜陈茶

功效

解表散寒，芳香化浊，用于防治脾胃不和、寒湿吐泻。

材料

陈皮10克，生姜7克。

做法

将生姜切成细丝，与陈皮一起放入茶碗中，冲入沸水，闷泡10分钟后，代茶饮用。

爱心叮咛

❤ 此茶适合寒湿犯胃所致的食欲不振、恶心呕吐、腹泻、大便清稀呈水样、腹痛肠鸣者饮用。

❤ 平日脾胃虚寒、经常消化不良、容易吐泻者可将其作为保健茶常饮。

❤ 内热、便秘、胃热呕吐者不宜饮用。

陈皮味苦、辛，性温，是健脾理气、燥湿化痰的好材料，常用于缓解胸脘胀满、食少吐泻等症状。

柠檬红茶

功效

促进消化，理气和胃，生津止渴。

材料

红茶3克，咸柠檬片1片。

材料

白糖适量。

做法

1 将红茶放入茶壶中，以沸水冲泡，闷10分钟后倒入杯中。

2 放入白糖搅匀，待茶水稍温时投入咸柠檬片，浸泡5分钟后，代茶饮用。

咸柠檬片的做法：将柠檬煮熟，切片，晒干，放入瓶内，加盐水，密封，腌制1个月。每次取片使用。贮藏时间越久，下气和胃效果越佳。

好喝指数 ★★★★★

爱心叮咛

♥ 柠檬味酸，有生津止渴、理气和胃、止呕治哕的功效，搭配温养脾胃的红茶，常用于缓解胃脘疼痛、呃逆呕吐、食滞、饮食不香、腹泻等症状。

♥ 没有咸柠檬片时，用鲜柠檬片或干柠檬片亦可，但咸柠檬片效果更好。

♥ 消化道溃疡、胃酸过多者不宜饮用。

麦芽山楂茶

好喝指数 ★★★★☆

功效

消食化滞，用于防治伤食积滞所致的呕吐。

材料

麦芽10克，山楂片5克。

调料

红糖适量。

麦芽偏于消谷类食积，适合吃了太多面食而积滞者。山楂善消肉类食积，适合常食肥甘油腻的肉食过多者。

做法

1 将麦芽放入炒锅中，小火炒至麦芽焦黄，装瓶保存。

2 取10克麦芽和山楂片一起放入煮锅，加适量水，煎煮20分钟。

2 过滤掉渣子，取茶汤倒入杯中，加红糖，搅拌均匀，代茶饮用。

爱心叮咛

♥ 炒麦芽消食、和中、下气，山楂消积散瘀。此茶适合喂养不当、饮食不节所致的食滞停积、脘腹胀满、胃气上逆、呕吐酸水，甚至食后即吐、吐出宿食不化者饮用。

♥ 此茶以治呕吐为宜，对各类食物造成的伤食积滞也有效果。

♥ 此茶安全性较高，平日饮用也可养护脾胃，增强运化功能，且口味香甜，儿童易于接受，是可以常饮的保健茶。

好喝指数 ★★★★☆

陈皮枣茶

功效

理气和中，破滞气，益脾胃，尤宜脾胃虚弱者调养身体。

材料

陈皮6克，红枣3个。

做法

将红枣对半切开，去核，与陈皮一起放入杯中，冲入开水，浸泡10分钟后，代茶饮用。

爱心叮咛

💙 陈皮理气，红枣健脾。此茶适合脾胃虚弱的孩子长期调养，可有效缓解肠胃气滞、胸腹胀满、食欲不振、食少便溏、虚寒呕吐、泄泻、胃痛等症状。

💙 此茶性温，胃有实热、舌红津少、阴虚火旺者不宜饮用。

红枣可健脾养胃，补中益气，多用于缓解脾胃虚弱、体倦乏力、食少便溏等症状。

三红饮

功效

健脾胃、补肺气。

材料

红萝卜200克，红枣12枚。

调料

红糖适量。

做法

1 将红萝卜洗净，切成片；红枣洗净，一起放入砂锅中，加适量水，大火烧开，再改小火煮20分钟，滤渣取汤。

2 加入红糖，搅匀后饮用。

好喝指数 ☆☆☆☆☆

红萝卜可消积滞，化痰热，下气，宽中，解毒，常用于缓解食积胀满、痰嗽失音等症状。大红萝卜及樱桃萝卜均宜食用。

爱心叮咛

❤ 此饮是调理小儿消化不良的常用简方。可健脾胃，补肺气，对小儿脾胃虚弱、消化不良、慢性咳嗽有帮助。

❤ 此饮可根据孩子年龄大小，1~2天内喝完，可连续喝3~5剂。

好喝指数 ★★★★★

枇杷芦根茶

功效
清热和胃，用于防治胃热呕吐。

材料
枇杷叶、芦根各5克。

调料
白糖适量。

做法
1 将枇杷叶和芦根一起放入锅中，加适量水，煎煮20分钟。
2 经过滤，把茶汤倒入杯中，加入白糖，调匀后代茶温饮。

爱心叮咛

❤ 枇杷叶清肺止咳，降逆止呕，芦根清热生津，止呕除烦。此茶清胃热效果好，适合因胃中燥热所致气逆呕哕，饮食积滞，烦闷，便秘者饮用。

❤ 此茶较寒凉，脾胃虚寒，腹泻，胃寒呕吐者不宜饮用。

芦根味甘，性寒，可清热生津，除烦，止呕，利尿。常用于缓解热病烦渴，胃热呕哕，肺热咳嗽，热淋涩痛等症状。

香砂藕茶

功效

理气开胃，和中止呕，用于防治脾胃不和、呕吐。

材料

砂仁3克，木香2克，藕粉20克。

调料

白糖适量。

做法

1 将砂仁、木香研成粉末，与藕粉混匀，放入茶碗，加少许温水调成糊。

2 再用沸水冲熟，放入白糖，拌匀饮用。

好喝指数 ★★★★★

砂仁

木香

爱心叮咛

💙 砂仁可化湿开胃、温脾止泻，木香可行气止痛、健脾消食、和中，熟藕则有健脾开胃、止泻的功效。

💙 此茶适合脾胃虚寒、气滞胀满、胸脘胀痛、呕吐泄泻、食积不消、不思饮食者饮用。不喜此味道者可少量分次饮用。

💙 此茶较辛温，胃热呕吐者不宜饮用。

好喝指数 ★★★★★

苹果藕茶

功效

养护脾胃，促进运化，清除胃热，止吐止泻。

材料

苹果、莲藕各100克。

做法

1 将苹果洗净，去核，切成片；莲藕去皮，洗净，切片。

2 苹果和莲藕一起放入锅中，加适量水，煮20分钟，经过滤，茶汤倒入杯中，代茶饮用。

爱心叮咛

❤ 此茶可清胃火，止烦渴，开胃增食，止吐止泻，适合肠胃积热、消化不良引起的食少吐泻者饮用。

❤ 此茶经熟制后饮用，安全平和，6个月以上的孩子均宜饮用。

如果将苹果和藕直接打成蔬果汁生饮，更宜胃热呕吐者饮用。煮熟后则适合各体质及年龄的孩子饮用。

伍 青春养成篇

控制体重益健康

不做小胖墩，

随着生活条件的改善和生活方式的变化，以及家长的溺爱和不当喂养，小胖墩越来越常见。肥胖儿童不仅容易患脂肪肝、糖代谢异常等成人病，影响正常发育，还会影响青少年的心理健康。所以，当家长发现孩子出现超重的苗头时，就应该注意控制孩子的体重了。但是，儿童又处于长身体的时期，控制体重不能过快过猛，除了平时加强体育运动、平衡饮食结构外，可适当配以一些花草茶，起到消脂肪、去水肿、化滞气、清肠胃的作用，尤其适合青少年超重、肥胖者饮用。

山楂银菊茶

好喝指数 ★★★★★

功效

清热，消脂，减肥，瘦身，适用于青少年肥胖。

材料

山楂10克，菊花、金银花各3克。

调料

冰糖适量。

做法

将所有材料和调料一起放入茶碗中，以沸水冲泡，盖闷10分钟后，代茶饮用。

山楂可消食化积，尤善化解肉食积滞，并有降血脂、软化血管的作用，安全有效，是减肥茶里的常用材料。

爱心叮咛

❤ 金银花清热解毒，菊花疏风散热，搭配消积降脂的山楂，是瘦身茶的常用组合搭配。

❤ 此茶适合热性体质、饮食油腻、脂肪偏多的青少年常饮，也适合青春期内热火盛、痤疮较多者饮用。

❤ 脾胃虚寒者及幼儿不宜饮用。

好喝指数 ★★★★★

荷叶绿茶

功效

清热凉血，利尿减肥，用于防治湿热、水肿型肥胖。

材料

荷叶、绿茶各3克。

做法

将荷叶、绿茶放入杯中，以沸水冲泡，盖闷10分钟后，代茶饮用。

爱心叮咛

❤ 绿茶是天然的清热消脂品，搭配荷叶，瘦身作用较好，尤其适合湿热、水肿及饮食油腻的超重孩子饮用。

❤ 此茶适合夏季饮用，不仅可以瘦身，还有清热解暑的效果。

❤ 脾胃虚寒、气虚体弱者不宜饮用。

荷叶有清热凉血、利尿除湿的功效，常用于缓解暑热烦渴、湿热泄泻等症状，也是常用的减肥茶材料。

山楂荷叶茶

好喝指数 ★★★★★

功效

去油解腻，化解积滞，利尿除湿，消脂瘦身。

材料

山楂6克，荷叶、薄荷各3克。

做法

将荷叶、薄荷、山楂一起放入杯中，以沸水冲泡，盖闷10分钟后，代茶饮用。

山楂、荷叶是减肥的两大法宝。用鲜品亦可，用量可加倍。

爱心叮咛

- 山楂化解饮食积滞，荷叶清热凉血、利尿除湿，搭配发汗散热、清凉提神的薄荷，能提高人体排毒解毒能力，使肠胃畅通，代谢加快，给身体减负。
- 此茶适合饮食油腻、肉食过剩、湿热内蕴、身重乏力、慵懒倦怠的肥胖者饮用。
- 脾胃虚寒、形体瘦弱者慎用。

好喝指数 ★★★★★

冬瓜黄瓜茶

功效

清热降脂，利尿消肿，用于防治痰湿、水肿肥胖者。

材料

冬瓜、黄瓜各100克。

做法

冬瓜、黄瓜分别去皮，切块，一起放入打汁机中，加适量水，搅打成汁，过滤后盛出，代茶饮用。

爱心叮咛

- 冬瓜利尿消肿，黄瓜清热利尿。二者合用可加强通利大小便，促进排毒。
- 此茶适合痰湿、湿热、水肿肥胖、便秘者常饮。
- 夏季暑热烦渴、内热火盛及痈肿痤疮多者也宜饮用。
- 脾胃虚寒、尿多者不宜饮用。

冬瓜利水消痰，清热解毒，是利尿、降压、降脂、瘦身的常用材料。

决明子
蜂蜜茶

好喝指数 ★★★★★

功效

润肠通便，缓泻排毒，可用于防治大便秘结、肥胖。

材料

决明子5克。

调料

蜂蜜15克。

做法

1 将决明子捣碎，放入锅中，加适量水，煎煮10分钟，过滤后盛入杯中。

2 待水温稍凉，调入蜂蜜，拌匀后代茶饮用。

决明子除了可以清热明目外，还是润肠通便的良药，有缓泻作用，常用于减肥茶中。

爱心叮咛

- 此茶以缓泻、清热来起到减肥瘦身的作用，适用于内热积滞、大便不通、代谢不畅的肥胖者饮用。
- 决明子味道较苦，可少量多次饮用。
- 决明子不宜长服，连续服用不宜超过3天。
- 虚寒腹泻、便溏者不宜饮用。

芦荟海带茶

好喝指数 ★★★★★★

功效

清热解毒，缓泻通便，消肿轻身，常饮有减肥作用。

材料

芦荟50克，鲜海带50克。

芦荟是一味缓泻剂，净肠通便的效果较好，常用于瘦身、美肤，适合青春期的减肥者饮用。

海带软坚散结，消痰，利水，常用于痰饮水肿。《食疗本草》中记载海带可"下气，久服瘦人"，也是减肥的常用材料。

做法

1 先将芦荟切去外皮，洗净芦荟肉，再切成条状。

2 鲜海带洗净，切成丝。

3 把处理好的芦荟和海带放入锅中，加适量水，小火煮20分钟，经过滤，取汤汁，代茶频饮。

爱心叮咛

♥ 此饮是缓泻通便、排毒瘦身的保健茶，适合大便秘结及痰湿、湿热、水肿肥胖者饮用，尤其适合青春期肥胖兼有痤疮等热毒疮痛者饮用。

♥ 脾胃虚寒、腹泻、便溏、形体瘦弱者不宜多饮。

远离青春痘，清热解毒净肌肤

青春痘学名为痤疮，也常叫作粉刺、壮疙瘩，是多发于青少年面部、后背的粉刺、丘疹、脓疱、结节等多形性皮损。很多孩子上了中学以后，青春痘就开始困扰着他们，这与青春期内分泌的变化及热毒壅盛有关，是在青少年中较为多发的皮肤疾病。它不仅影响着皮肤的健康和美观，对孩子心理也有一定的不良影响，处理不当的话，还容易留下永久性的痘印。对于防治青春痘，饮用适当花草茶还是有一定效果的，家长们不妨试试看。

蒲公英茶

功效

清热解毒，消肿散结，用于防治热毒疮肿。

材料

鲜蒲公英30克。

调料

白糖适量。

做法

将鲜蒲公英放入锅中，加适量水，小火煮10分钟，经过滤，取汤汁，加白糖，代茶饮用。

好喝指数 ★★★★★

蒲公英也可用干品，用量在10克左右。外用时可将鲜品捣烂，敷于患处。

爱心叮咛

♥ 蒲公英是解热毒、消肿痛的常用药，用于缓解疔疮肿毒、目赤、咽痛等症状。《本草正义》中记载蒲公英可"治一切疔疮、痈疡、红肿热毒诸证，可服可敷，颇有应验"。

♥ 此饮可一边内饮，一边外用擦涂患处，内外兼用效果更好。

♥ 脾胃虚寒、腹泻、便溏者及幼儿不宜饮用。

好喝指数 ★★★★★

野菊花茶

功效
清热解毒，降火消炎，用于防治青春痘、口疮。

材料
野菊花5克。

调料
白糖（或蜂蜜）适量。

做法
将野菊花装入滤盒，放入杯中，以沸水冲泡10分钟后取出滤盒，调入白糖（或蜂蜜），代茶饮用。

爱心叮咛

- ❤ 野菊花是清热解毒、消痈止痛的常用药，适用于缓解毒火内盛所致的疮疡痈肿、皮肤过敏、皮炎、癣疹、口疮、咽肿、目赤等症状。

- ❤ 此茶也可内外兼用，内服的同时，以茶水洗脸，对缓解痤疮非常有效。

- ❤ 脾胃虚寒、腹泻、便溏者及幼儿不宜饮用。

野菊花比菊花色黄而朵小，味道极苦，饮用时需根据孩子的接受程度，添加适量的白糖（或蜂蜜），否则孩子可能会难以下咽。

马齿苋茶

功效

清热解毒，消肿止痛，用于防治疮疖痈肿。

材料

鲜马齿苋30克（干品10克）。

调料

白糖适量。

做法

将鲜马齿苋洗净，放入锅中，加适量水，煎煮10分钟，过滤后倒出，代茶饮用。

好喝指数 ☆☆☆☆☆

马齿苋清热利湿，凉血解毒，可用于防治疔疮肿毒。内外兼用是缓解青春痘的良方。

爱心叮咛

❤ 此茶适合湿热内蕴、毒火热盛所致的痈肿、恶疮、丹毒者饮用，内服加外用，治痤疮效果好。

❤ 外用时可用此茶水擦洗、涂敷患处，或将鲜品捣烂敷于患处。

❤ 此茶性寒凉血，虚寒腹泻者不宜饮用。

好喝指数 ★★★★★

银花绿豆茶

功效

清热解毒，消除疮疖痈肿、暑湿疹毒。

材料

金银花10克，绿豆15克，甘草3克。

做法

将绿豆捣碎装入茶袋，和金银花、甘草一起放入保温杯，冲入沸水，闷泡15分钟后，代茶饮用。

爱心叮咛

♥ 金银花、甘草、绿豆都是清热解毒、散痛消肿的常用材料。常饮此茶可化解疮毒痈肿，对热毒所致的痤疮、湿疹、痱子及暑热烦渴等症均有疗效。

♥ 此茶最宜夏季饮用，脾胃虚寒者及幼儿不宜饮用。

绿豆需先捣碎，才能泡出有效成分。此茶也可煎煮取汤饮用，绿豆在煮开花后才有清热解毒的作用，因此，煎煮时间需25分钟以上，待绿豆皮裂开花即可。

杏仁薏米茶

功效

排脓消痈，防治痤疮、疖肿，美白净化肌肤。

材料

杏仁、薏仁米各15克。

调料

白糖适量。

做法

将杏仁、薏仁米放入锅中，加适量水，小火煮20分钟，经过滤，取汤汁，加入白糖拌匀，代茶饮用。

好喝指数 ★★★★★

薏仁米有清热排脓·利水除湿的功效，对防治疮疖痈肿·扁平疣有良好的效果。

爱心叮咛

♥ 杏仁润燥通肠·美白肌肤，搭配薏仁米，是调理肌肤健康的良方。

♥ 此茶适合青春期痤疮多发·疖肿化脓·扁平疣等肌肤病症者饮用，平日皮肤油腻不爽·色斑多·黑眼圈·眼袋浮肿·酒渣鼻·黑头及痘印多的青少年也宜多服·久服。

好喝指数 ★★★★★

柠檬蜂蜜茶

功效

净化、美白肌肤，防治痤疮，淡化色斑及痘印。

材料

柠檬片1片。

调料

蜂蜜15毫升。

做法

将蜂蜜倒入杯中，用温开水搅匀化开，放入柠檬片，浸泡5分钟后，代茶饮用。

爱心叮咛

- 此茶可促进运化、润燥通肠、排毒养颜，适合平日肌肤油腻不洁、痤疮疖肿、色斑、黑头多生，兼有心烦口渴、便秘的青少年宜多饮、常饮。
- 胃酸过多者可少放柠檬。
- 此茶有通肠作用，便溏、腹泻者不宜饮用。

将此茶水外用擦涂问题肌肤也很见效，对痤疮、皮炎、皮肤过敏、粗糙痘印等均有缓解作用。

芦荟菊花茶

功效

泻肝火，散风热，解毒消痈，排毒养颜。

材料

芦荟50克，菊花5克。

做法

1 先将芦荟切去外皮，洗净芦荟肉，再切成条状。

2 将芦荟肉和菊花放入杯中，冲入沸水，闷泡10分钟后，代茶饮用。

好喝指数 ★★★★☆

芦荟是天然护肤品，内服可清热泻火、排毒养颜，外用是清洁肌肤、修复皮损的良药，可缓解痤疮、癣疹、蚊叮虫咬等。

爱心叮咛

- 芦荟搭配疏散风热、清热解毒的菊花，可防治热毒痈肿、净化肌肤，尤宜青少年痤疮、皮疹多发者饮用调理。
- 此茶水也非常适合外用，擦涂于痤疮等问题皮肤的患处，效果很好。
- 此茶泻下作用强，脾胃虚寒、腹泻者慎用。

好喝指数 ★★★★☆

薄荷双果茶

功效
散热解毒，养阴除烦，促进代谢，养护肌肤。

材料
薄荷5克，猕猴桃、苹果各70克。

做法
1 将薄荷煎煮，滤取汤汁150毫升，晾凉。
2 猕猴桃和苹果分别去皮，取果肉，切成丁，一起放入打汁机中，倒入薄荷汤汁，搅打成果汁即可倒出饮用。

爱 心 叮 咛

❤ 此茶可促进排毒，美化肌肤，适合皮肤粗糙、痤疮、痘印、色斑、癣疹、过敏者常饮久服。

❤ 也适合脾胃不和、气滞胃痛、便秘、口渴咽干、心情烦躁者饮用。

❤ 虚寒腹痛、大便溏泻者不宜多饮。

猕猴桃和苹果均可养阴除烦，生津润燥，对保持肌肤水润洁净非常有益。外用也有清凉镇静的作用。

金盏花柠檬茶

功效
凉血，消炎，净化肌肤，消除疮痈肿痛。

材料
金盏花3克，干柠檬片1片。

做法
将金盏花和干柠檬片放入保温杯中，冲入沸水，闷泡10分钟后，代茶饮用。

好喝指数 ☆☆☆☆☆

金盏花有凉血、止血、消炎抗菌的功效，对皮肤炎症有一定的缓解作用。

爱心叮咛

❤ 此茶可抗菌消炎、美白净肤，适合皮肤有痤疮、疖肿、皮炎、癣疹者饮用。

❤ 此茶也有镇静降压、除烦安眠、改善食欲的作用，有精神紧张、烦躁不安、食欲不振、消化不良者可以饮用。

❤ 脾胃虚寒及胃酸过多者慎饮。

159

好喝指数 ★★★☆☆

荷叶桂花茶

功效

消肿排脓，辟邪除臭，用于净化肌肤。

材料

荷叶、绿茶各3克，桂花2克。

做法

将所有材料放入杯中，以沸水冲泡，盖闷10~15分钟后，代茶饮用。

爱心叮咛

- 荷叶可清热除湿、利水消肿，桂花能芳香除臭，绿茶清热解毒。三者合用可起到净化肌肤、消肿解毒、除疮排脓的作用，肌肤油腻不洁者宜常饮。

- 体质偏热者可多加荷叶、绿茶，体质偏寒者宜多加桂花，少放绿茶。

- 脾胃虚寒、腹泻者不宜多饮。

此茶水外用于肌肤（如用此茶水泡面膜纸后敷脸）也能起到清洁净化、预防疮痈的作用，夏、秋两季节最宜饮用此茶。

三花茶

好喝指数 ☆☆☆☆☆

功效

清热解毒，用于防治风热毒火所致的疮痈疔肿。

材料

金银花、菊花、茉莉花各3克。

做法

将金银花、菊花、茉莉花放入杯中，冲入沸水，闷泡10分钟后即可饮用，可多次冲泡。

此茶可白天多次冲泡饮用，晚上最后一泡用来洗脸或敷脸，内外兼用的效果更好。

爱心叮咛

- 此茶清肝火、解热毒，适合因热毒火盛引起痤疮、疔肿、咽喉肿痛、目赤、牙肿、口臭、便秘者常饮。
- 平日容易内热上火、情绪烦躁的青少年也宜饮用。
- 脾胃虚寒、便溏、腹泻者不宜饮用。

缓解月经痛，健康女孩初长成

女孩子进入青春期，月经来潮，是走向成熟的开始，值得欣喜。但由于青春期的少女卵巢功能尚不健全，非常敏感，如果学习压力过大、环境改变、情绪变化过大、饮食起居不当等都易引发月经不调，出现经期不规律、经量过多或过少、痛经甚至闭经等问题。月经是女性健康的晴雨表，一旦出现月经不调，最好及早调理，以免给未来健康留下隐患。

玫瑰花茶

功效

疏肝理气，活血止痛，用于防治肝郁气滞、月经不调。

材料

干玫瑰花5克。

调料

冰糖适量。

做法

将干玫瑰花放入杯中，以沸水冲泡，盖闷15分钟后，调入冰糖，拌匀代茶饮用。

好喝指数 ☆☆☆☆☆

玫瑰花有疏肝解郁、活血止痛的功效，还是防治肝胃气痛、月经不调的常用材料。

爱心叮咛

❤ 此茶适合肝郁气滞引起的月经不调、心情抑郁不舒畅、胸胁胀闷、脘腹胀痛者饮用，是青春期调经解郁的良方。

❤ 此茶有活血作用，经血通畅及经血量多时应立即停饮。

❤ 阴虚火旺者及年龄较小的孩子不宜饮用。

好喝指数 ★★★★★

月季花茶

功效

活血调经，疏肝解郁，消肿解毒，用于防治月经不调。

材料

干月季花5克。

做法

将干月季花放入杯中，以沸水冲泡，盖闷15分钟后，代茶饮用。

爱心叮咛

♥ 此茶既能活血调经，又能消肿解毒、疏解肝郁，适合肝气郁结、气滞血瘀所致的月经不调、痛经、闭经、胸胁胀痛者饮用。

♥ 此茶有活血作用，经血通畅及经血量多时应立即停饮。

♥ 脾胃虚寒者及年龄较小者不宜饮用。

月季花容易与玫瑰花混淆。月季花花朵较大，为半开放花，花托为长形；玫瑰花花朵较小，为未开放的花蕾，花托为半球形。

艾叶红糖茶

功效
温经脉，祛寒湿，活血化瘀，用于防治因寒湿凝滞所致的痛经。

材料
干艾叶绒5克。

调料
红糖15克。

做法
将干艾叶绒装入茶袋，和红糖一起放入杯中，冲入沸水，闷泡10分钟后，代茶饮用。

好喝指数 ★★★★☆

艾叶辛温，可散寒止痛，温经止血，常用于缓解小腹冷痛、虚寒性月经不调等症状。

爱心叮咛

♥ 此茶适用于寒湿侵袭、气血凝滞所致下腹冷痛或绞痛、得热痛减、经血色暗、夹有血块、月经涩滞不畅者饮用。

♥ 经血畅通及经血量多时即停用。

♥ 阴虚火旺、血燥生热者及年龄较小者不宜饮用。

好喝指数 ★★★★☆

红糖姜枣茶

功效

温经散寒，补血调经，用于防治虚寒痛经、经量少、闭经。

材料

生姜、红枣各15克。

调料

红糖15克。

做法

1 将生姜切片；红枣洗净，去核，切片。

2 生姜、红枣和红糖一起放入锅中，加适量水，煎煮20分钟，过滤后代茶饮用。

爱心叮咛

❤ 生姜温胃驱寒，红枣健脾养血，红糖活血化瘀。此茶适合气血虚寒或瘀阻所致的小腹冷痛、经期延迟、经量少、闭经者饮用。

❤ 经期延迟或闭经者可每日服用1剂，连续服用至月经来潮为止。

❤ 阴虚火旺、内热烦渴、经血量多者不宜饮用。

红糖除了具有活血化瘀的作用，还有益气补血、健脾暖胃、缓中止痛的功效，是调经常用品。

鲜藕茶

功效

清热凉血，止血化瘀，用于防治因血热所致的经期提前、经量过多。

材料

莲藕100克。

调料

白糖10克。

做法

1. 将莲藕去皮，洗净，切片，放入打汁机中，加适量水，搅打成汁。
2. 过滤取汁，加白糖调匀，代茶饮用。

莲藕生用有凉血、止血、化瘀的功效，熟用则有健脾养胃、益血生肌的作用。

好喝指数 ★★★★☆

爱心叮咛

- 此茶适合因血热引起的经期提前、经量过多、夹有血块、非经期出血、燥热烦渴者饮用。
- 由于莲藕生用与熟用的效果不同，使用时应注意，这里为生用，才有凉血、止血的效果。
- 虚寒腹痛、经血量少者不宜饮用。

好喝指数 ★★★★★

益母玫瑰红糖茶

功效

活血化瘀，通经止痛，用于防治经血量少、瘀血痛经。

材料

玫瑰花5克，益母草15克。

调料

红糖20克。

做法

1 将益母草放入锅中，加适量水，煎煮15分钟，滤渣取汁。

2 玫瑰花放入杯中，以煮沸的益母草水冲泡，调入红糖拌匀，代茶饮用。

爱心叮咛

♥ 此茶对血瘀、肝郁气滞等引起的月经不调、痛经、闭经等均有效，可改善经期瘀血结块、血量过少，甚至经血呈点滴状、经期过短、腹痛、精神郁闷等症状。

♥ 此茶活血性强，经血已畅行应立即停饮，经血量偏多者不宜饮用。

♥ 无血瘀者不宜饮用。

益母草可活血化瘀、调经止痛，是女性调经的常用良药。

龙眼红枣葡萄干茶

好喝指数 ★★★★★

功效

健脾胃，养气血，用于防治虚寒血少、腹痛、月经不调。

材料

龙眼肉、红枣各15克，葡萄干10克。

做法

将红枣切开、去核，与龙眼肉、葡萄干一起放入杯中，冲入沸水，闷泡15分钟后，代茶饮用。

干制龙眼肉也叫作桂圆。有鲜果时可以直接用鲜品打汁饮用，最好温热后再饮。

爱心叮咛

♥ 此茶适合虚寒腹痛、经量少、经期前后不定、闭经者饮用，兼有气血不足、面色萎黄或苍白、手脚冰冷、体弱乏力、心神不安、睡眠不佳者尤宜饮用。

♥ 此茶较甘温，虚寒血亏者最宜饮用，血热、内有痰火、湿滞者不宜饮用。

169

青春不忧郁，豆蔻年华少烦恼

孩子到了青春期，正是最美好的豆蔻年华，本应该无忧无虑，但实际上，这个年龄恰恰是抑郁的高发期。这是由于孩子身体发育和心理成长的不协调、不适应造成的，再加上学业压力、人际交往障碍、情窦初开、思虑加重等因素的影响，表现为不同程度的逆反行为、情绪低落或亢进、敏感多疑、自我封闭、内向孤僻、烦躁易怒等，严重的会向抑郁症的方向发展，家长决不可忽视孩子的精神健康。在从心理上积极引导、调节的基础上，给孩子泡一杯解忧花草茶，既能起到愉悦身心的作用，又能让孩子感受到家人浓浓的关爱。

茉莉薄荷茶

功效
化解气郁，提神醒脑，缓解头痛，增进食欲。

材料
茉莉花、薄荷、绿茶各3克。

做法
将所有材料放入杯中，以沸水冲泡，盖闷10分钟后，代茶饮用。

好喝指数 ★★★★☆

茉莉花疏肝解郁、理气止痛、和中辟秽，薄荷宣散风热、清利头目，绿茶清热解毒、提神醒脑。

爱心叮咛

♥ 此茶适合情绪抑郁或亢进、烦热胸闷、精神萎靡或心烦易怒、头痛昏沉、食欲不振者饮用，尤宜因情绪不佳影响了胃口的青少年饮用。

♥ 也适合暑热烦闷、紧张头痛时饮用。

♥ 脾胃虚寒、气虚者不宜多饮。

好喝指数 ⭐⭐⭐⭐⭐

玫瑰红枣茶

功效

健脾胃，疏肝郁，补益和畅通气血，用于防治抑郁、失眠。

材料

玫瑰花5克，红枣10克。

调料

蜂蜜15克。

做法

1 红枣去核，切半。

2 将玫瑰花和红枣一起放入杯中，冲入沸水，闷泡10分钟。

3 待茶稍温，调入蜂蜜，拌匀饮用。

爱心叮咛

💗 玫瑰花可疏肝解郁、活血止痛，红枣可健脾养胃、补中益气、养心安神，蜂蜜能益气血、润肠燥。

💗 此茶适合情绪烦闷不舒，兼有失眠、胃痛、便秘、月经不调者饮用，最宜虚寒体弱、心情忧郁的少女饮用。

💗 阴虚火旺、湿盛中满者不宜多饮。

有心烦失眠状况者，可于晚间饮用，效果较好。

白梅花茶

功效

解郁理气，和胃止痛，用于防治心情郁闷、肝胃气痛、梅核气。

材料

白梅花3克。

做法

将白梅花放入杯中，以沸水冲泡，盖闷15分钟后，代茶饮用。

好喝指数 ★★★★☆

梅核气是一种病症，年轻女性在梅雨季节多发。常因情志不遂、肝气郁滞、痰气互结所致。主要表现为情绪郁闷不畅、咽肿似有梅核阻塞、咳不出、咽不下。现代也常归为慢性咽炎，实则与情绪因素密切相关，也被称为情志病。

爱心叮咛

- ❤ 白梅花也叫绿萼梅，可化解情绪抑郁、宽胸顺气、化痰散结，是治疗肝胃气痛、梅核气的良药。
- ❤ 此茶是传统解郁茶，适合肝胃气滞不和所致的两胁胀痛、胃脘满闷胀痛、心情郁闷不舒、食欲不振者饮用，也是防治梅核气、慢性咽炎的常用保健茶。
- ❤ 气虚较重者不宜多饮。

好喝指数 ★★★★☆

黄花菜茶

功效

宣发郁气，令人忘忧，用于防治胸闷不舒。

材料

干黄花菜10克。

做法

将干黄花菜洗净，放入锅中，加适量水，煎煮15分钟，过滤后取汁，代茶饮用。

爱心叮咛

❤ 黄花菜有利湿热、宽胸膈的功效，可用于缓解湿热黄疸、胸膈烦热、夜寐不安等症状。

❤ 此茶适合忧愁太过、闷闷不乐、心烦胸闷、失眠少寐者常饮。多饮、晚间饮用效果更好。

❤ 新鲜的黄花菜有一定的毒性，非煮透不可食用。在市场购买的干品黄花菜无毒，可放心选用。

黄花菜也叫萱草花、金针菜，有"忘忧草"的美称。顾名思义，它可宣发郁闷之气，常食令人乐而忘忧。

薰衣草茶

功效

镇定精神，放松身心，安神解郁，促进睡眠。

材料

薰衣草3克。

做法

将薰衣草放入杯中，以沸水冲泡，盖闷5分钟后，代茶饮用。

好喝指数 ★★★★★

薰衣草是放松身心的良药，除了泡饮外，临睡前用薰衣草水来泡澡，也能起到良好的愉悦精神、缓解焦虑的作用，助眠效果更佳。

爱心叮咛

♥ 此茶适合精神压力大、紧张焦虑、心情烦躁不安、情绪不稳定、头痛昏沉、失眠者常饮。

♥ 此茶也有一定的清热解毒、散风止痒作用，如有口舌生疮、咽喉红肿、风疹、疥癣者也可饮用。

♥ 脾胃虚寒者不宜饮用。

好喝指数 ★★★★★

金盏花茶

功效
凉血消炎，镇静降压，用于防治紧张烦闷、寝食不安。

材料
金盏花3克。

做法
将金盏花放入杯中，以沸水冲泡，盖闷5分钟后，代茶饮用。

爱心叮咛

- 金盏花也叫金盏菊，此茶有凉血消炎、镇静降压、活血调经的功效，常用于防治多种皮肤炎症及消化道溃疡症，改善食欲不佳、失眠及月经不调。

- 此茶可降低血压、减慢心率，更宜精神亢进、烦躁不安、血压偏高者饮用。

- 脾胃虚寒者不宜多饮。

金盏花除了泡饮，也常外用洗敷，可清洁肌肤，缓解皮肤炎症，适合有痤疮、皮炎、过敏的青少年饮用。

合欢花茶

功效
安神解郁，疏肝理气，用于防治神经衰弱。

材料
合欢花6克。

调料
白糖适量。

做法
将合欢花放入杯中，以沸水冲泡，盖闷5分钟后，调入白糖拌匀，代茶饮用。

好喝指数 ☆☆☆☆☆

合欢花是一味安神药，有安神解郁、疏肝理气、清心明目的功效。《神农本草经》中记载，常饮令人"欢乐无忧"。

爱心叮咛

♥ 此茶适合神经衰弱、心情烦闷不舒、胸闷气痛、虚烦不安、失眠多梦、注意力不集中者饮用，常饮可令人身心愉快、头脑清晰。

♥ 心烦失眠严重者在晚间饮用此茶，助眠效果较好。

♥ 阴虚津伤者慎用。

好喝指数 ★★★★☆

百合大枣茶

功效

宁心安神，清心除烦，滋阴养血，美容养颜。

材料

干百合花2克，红枣10克。

调料

蜂蜜15克。

做法

1 将红枣去核、切半，与干百合花一起放入茶壶中，以沸水冲泡，盖闷10分钟。

2 待茶水稍温，调入蜂蜜拌匀后，代茶饮用。

爱心叮咛

♥ 百合花可润燥安神，红枣可健脾养心，蜂蜜润肠通便。此茶安神效果好，适合心烦失眠、神经衰弱者常饮。

♥ 此茶也是排毒养颜的良方，对失眠兼有便秘、皮肤粗糙、黑眼圈、食欲不振者尤为适宜。

♥ 脾胃虚寒、腹泻者不宜多饮。

百合花有滋阴润燥、宁心安神的功效，常用于缓解心烦不眠、肺燥咳嗽等症状。

陆

轻松备考篇

过度用眼又用脑
益智明目这样喝

处于学习阶段的学生不仅要大量读书、学习、写作业，还要经常用电脑、手机，普遍用眼过度，且小学至中学阶段是近视的多发时期，不少家长都发愁孩子的视力越来越差，眼镜年年涨度数，怎么办？由于长时间高度紧张的学习，也容易出现用脑过度的问题，常表现为精神疲乏、嗜睡、注意力不集中、上课走神、记忆力下降、思维反应迟钝、学习效率低下、头痛、睡眠不佳等。如果出现了以上用眼、用脑过度的现象，家长应让孩子及时休息，从事一些体育锻炼和文娱活动，同时喝上一杯保健花草茶，护眼又健脑，预防慢性疲劳危害健康。

菊花龙井茶

功效

疏风清热，明目提神，用于防治眼睛红肿、视力下降、头脑昏沉。

材料

菊花、龙井茶各3克。

做法

将菊花、龙井茶一起放入杯中，以沸水冲泡，盖闷15分钟后，代茶饮用。

好喝指数 ★★★★☆

菊花散风清热，平肝明目。常用于缓解风热感冒、头痛眩晕、目赤肿痛、眼目昏花等症状。

龙井茶是绿茶的一种，清热效果好，也可用其他品种的绿茶。

爱心叮咛

❤ 此茶能缓解视力疲劳、眼睛充血、红肿疼痛、结膜炎、红眼病、视物模糊、头痛发胀、昏沉嗜睡等症状，适合用眼、学习时间过长者饮用。

❤ 风热头痛、低热、咽肿者也宜饮用。

❤ 此茶偏寒凉，脾胃虚寒、腹泻者不宜多饮。

好喝指数 ★★★★★

菊花决明子茶

功效

清肝明目，降压除烦，用于防治眼睛红肿、干涩及头痛。

材料

决明子5克，菊花、绿茶各3克。

调料

冰糖适量。

做法

将各材料和冰糖一起放入茶壶中，以沸水冲泡，盖闷15分钟后，代茶饮用。

爱心叮咛

- 此茶适合目赤肿痛、眼睛干涩、羞明多泪、视力减退、风热头痛者饮用。眼睛酸痛、视力模糊、头痛脑胀者宜常饮。
- 也适合肝火旺盛、内热积滞、心烦易躁、大便秘结、风热感冒者饮用。
- 决明子有清火缓泻的作用，脾胃虚寒、便溏、腹泻者不宜饮用。

决明子顾名思义，有明目的功效，除了可以泡饮、煎汤饮，还可做成药枕，对明目也有辅助作用。怕苦的孩子可减少决明子用量。

菊花枸杞茶

功效

养肝明目，疏风清热，改善视力，增强脑力。

材料

菊花3克，枸杞子10克。

调料

冰糖适量。

做法

将菊花、枸杞子和冰糖一起放入茶杯中，冲入沸水，闷泡15分钟后，代茶饮用。

好喝指数 ★★★★☆

枸杞子滋补肝肾，益精明目，是养眼健脑佳品，常用于防治目昏不明、眼睛干涩或多泪、头晕目眩、记忆力下降。

爱心叮咛

❤ 此茶可养护视力、益智健脑，对青少年近视、视疲劳、眼睛干涩、目赤肿痛、怕光多泪、记忆力下降、头晕、头痛、慢性疲劳等均有改善作用。

❤ 此茶又叫"杞菊茶"，也是防治风热感冒的常用保健茶。

❤ 脾胃虚寒、腹泻者不宜多饮。

好喝指数 ★★★★★

桑椹茶

功效

健脑益智，明目，乌发，通便。

材料

干桑椹10克。

调料

蜂蜜适量。

做法

将干桑椹放入茶杯中，以沸水冲泡，盖闷10分钟，待温凉时调入蜂蜜，代茶饮用。

爱心叮咛

- 此茶适合青少年视力下降、眼睛干涩、目赤红肿、少白头、记忆力减退、精神萎靡不振、慢性疲劳者饮用。
- 贫血、神经衰弱、失眠多梦、大便干结、内热烦渴者也宜常饮。
- 脾胃虚寒、腹泻者不宜饮用。

桑椹滋补肝肾、养血祛风、生津润肠，久服黑发明目。可用于目暗、健忘、眩晕耳鸣、心悸失眠、须发早白、血虚便秘。

桑椹枸杞茶

功效

益精明目，健脑乌发，抗疲劳，养精神。

材料

鲜桑椹100克，枸杞子10克。

做法

1 鲜桑椹去蒂，洗净；枸杞子洗净，泡软。

2 二者一起放入打汁机中，加适量水，搅打成汁，经过滤后倒出，代茶饮用。

好喝指数 ★★★★★

鲜桑椹榨汁较好，干桑椹更宜泡饮。如果是用干桑椹，可以和枸杞子一起冲水泡茶饮用。

─── 爱心叮咛 ───

❤ 此茶适合长时间动脑学习、用眼过度者饮用保健。可缓解眼睛干涩、视疲劳、视力下降、头晕脑胀、疲倦乏力、脑力下降、精神萎靡、精力不足、少白头等。

❤ 脾胃虚寒、便溏、腹泻者不宜多饮。

好喝指数 ★★★★☆

蓝莓茶

功效
强化视力，缓解眼睛疲劳，增强免疫力。

材料
蓝莓50克。

调料
白糖适量。

做法
将蓝莓洗净，放入打汁机中，加适量水，搅打成汁，过滤后倒入杯中，加入白糖，搅匀即可饮用。

爱心叮咛

- 蓝莓富含的花青素可以促进视网膜细胞中的视紫质再生，预防近视，增进视力，减少眼病发生。
- 此茶还可清热解毒、提高大脑活力及人体免疫功能，适合用脑过度、容易感冒、内热烦渴、大便秘结者饮用。
- 脾胃虚寒、腹泻者不宜饮用。

蓝莓是近代从北美成功引进栽种的健康水果。现代研究显示，经常食用蓝莓可明显地增强视力，缓解眼睛疲劳。

胡萝卜核桃茶

功效

补益肝肾，养血润燥，维护视力，健脑益智。

材料

胡萝卜70克，核桃仁20克。

做法

1 将胡萝卜去皮，洗净，切成小块，核桃仁捣碎。

2 把胡萝卜与核桃仁一起放入打汁机中，加适量水，搅打成汁，过滤后倒出，代茶饮用。

好喝指数 ★★★★☆

胡萝卜富含β-胡萝卜素，进入人体后生成维生素A，有助于预防夜盲症，减少视力疲劳与眼睛干燥，是眼睛的天然养护品。

爱心叮咛

♥ 胡萝卜是护眼佳品，核桃仁是健脑良药，二者合用，可起到健脑益智、养血明目的作用，适合用眼用脑过度、疲倦乏力、精力不足的青少年饮用。

♥ 如兼有体形瘦弱、贫血乏力、肠燥便秘、少白头或发少枯黄者尤宜饮用。

♥ 肠滑腹泻、脂满肥胖者不宜多饮。

考前莫焦虑，轻松备战有精神★

学习从来都不是件轻松的事，从小学到高年级，考试、升学的压力越来越大，由于害怕失败，心理承受能力又较弱，不少孩子出现了"考前焦虑症"，表现为过度紧张、担忧、感觉即将大祸临头、情绪低落、吃饭不香、睡眠不安、头痛、头晕脑胀等。在临上考场时容易出现怯场的现象，如常伴有头晕、胸闷、心跳和呼吸加快、多汗、心烦口干、肠胃不适、吐泻、尿频等状况。家长如果看到孩子有这样的表现，千万不要再指责埋怨，给孩子增加压力了，一方面要从心理上积极疏导，减压减负，另一方面，针对不同的症状做些茶疗，也能起到辅助效果。

芹菜红枣茶

功效

缓解紧张头痛、心神不宁，有助睡眠。

材料

芹菜100克，红枣15克。

做法

1 将芹菜择洗干净，切段。

2 红枣去核，切片，放入锅中，加适量水，煮20分钟，晾凉。

3 把芹菜段和煮好的红枣及汤汁一起倒入打汁机，搅打成汁，滤掉粗渣后即可饮用。

好喝指数 ★★★★★

芹菜有降低血压、清热除烦、凉血止血、健脑镇静、清肠通便、利尿消肿的作用，因紧张焦虑而血压偏高者宜多吃。

爱心叮咛

💙 芹菜可平稳血压，红枣能养心安神。此茶可缓解情绪紧张、焦虑、头痛、心烦、失眠、食欲不振等症状。

💙 晚间饮用此茶，对促进睡眠有帮助。

💙 脾胃虚寒、大便溏泻者不宜多饮。

好喝指数 ★★★★☆

洛神花茶

功效
降血压，助消化，利小便，有助于舒缓紧张情绪。

材料
洛神花5克。

做法
将洛神花放入杯中，以沸水冲泡，盖闷10分钟后即可饮用，可多次冲泡。

爱心叮咛

💙 此茶适合紧张烦躁、焦虑不安、血压升高、咽喉肿痛者饮用，有助于舒缓考试前的紧张情绪，有一定的镇静作用。

💙 此茶花朵优美，汤色艳丽，看起来也赏心悦目，对平复心情、增进食欲有益。

💙 如果觉得味道酸，可适当添加白糖。

💙 胃酸过多、小便偏多者不宜多饮。

洛神花也叫作玫瑰茄，味酸，性凉，有降低血压、帮助消化、利尿消肿、敛肺止咳的功效。

洋甘菊茶

功效

镇静安眠，消炎止痛，用于防治紧张头痛、烦躁失眠。

材料

洋甘菊、绿茶各3克。

调料

蜂蜜适量。

做法

1. 将洋甘菊和绿茶放入茶壶中，冲入沸水，闷泡10分钟。
2. 茶汤倒入杯中，待晾温后调入蜂蜜饮用。

好喝指数 ★★★★☆

洋甘菊原产于欧洲，有降低血压、安神助眠、消炎止痛、调理肠胃的功效，常用于缓解失眠、头痛、胃痛、皮炎等症状。不喜欢洋甘菊味道的可减少用量。

爱心叮咛

❤ 洋甘菊安神效果较好，搭配清热解毒的绿茶、滋阴润燥的蜂蜜，可舒缓焦虑、紧张、烦躁等不良情绪，使人放松平静，有助于改善失眠，缓解紧张性头痛。

❤ 因精神紧张导致胃痛、牙痛、呕吐者也宜饮用。

❤ 脾胃虚寒、大便偏于稀溏、泄泻者不宜饮用。

好喝指数 ★★★★☆

代代花茶

功效
疏肝理气，和胃止痛。

材料
代代花3克，蜂蜜适量。

做法
将代代花放入杯中，以沸水冲泡，盖闷15分钟，待温热时调入蜂蜜即可饮用。

爱心叮咛

- 此茶适合肝胃气滞不和所致脘腹胀痛、胸胁不舒、恶心呕吐、不思饮食、食积不化者饮用。
- 比较适合青春期的孩子饮用，尤宜因心情烦闷不畅引起食欲不振、胃部不适者饮用。
- 幼儿不宜常饮、多饮。

代代花有疏肝解郁、理气宽胸、和胃止呕的功效，常用于缓解心胸烦闷、腹胀少食等症状。

薰衣草茉莉茶

功效

安抚焦虑情绪，缓解紧张头痛，促进睡眠。

材料

薰衣草、茉莉花各3克。

调料

蜂蜜适量。

做法

1 将薰衣草、茉莉花放入杯中，冲入沸水，闷泡10分钟。

2 待茶汤晾温时调入蜂蜜饮用。

好喝指数 ★★★★★

薰衣草有安抚紧张情绪、放松身心的作用，并有一定的清火消炎功效，对皮肤炎症、上火肿痛、头痛等均有辅助疗效。

爱心叮咛

💙 薰衣草可缓解紧张，茉莉花可调肝，解郁，理气。此茶适合因焦虑紧张引起头痛、神经痛、忧郁失眠、心烦气躁、目赤、口疮、牙痛、咽喉肿痛、皮炎痛肿、食欲不振、胃痛者饮用。

💙 睡眠不佳者宜在晚间饮用此茶。

💙 腹泻及气虚较重者不宜多饮。

好喝指数 ★★★★★

柠檬草红茶

功效
清醒头脑，振作精神，缓解头痛、疲劳。

材料
柠檬草3克，袋装红茶1包。

做法
将柠檬草和红茶包放入杯中，以沸水冲泡，盖闷10分钟后，代茶饮用。

爱心叮咛

♥ 此茶清香淡雅，使人头脑清醒、精神振作，有助于缓解紧张、疲乏倦怠、神经性头痛等症状。

♥ 柠檬草和红茶均偏温性，适合体质较为寒凉者饮用，尤宜因紧张而浑身发冷、手脚冰凉、腹痛、腹泻者饮用。

♥ 体质偏热、风热头痛者不宜多饮。

柠檬草也叫香茅草，味辛，性温，有祛风除湿、通络解表、温中止痛的功效。常用于改善头痛、胃寒腹痛、泄泻、风寒感冒、寒湿痹痛等症状。

百合花洋参茶

功效

益气补虚，安神宁心，缓解焦虑紧张、身心疲劳。

材料

干百合花、西洋参片各3克。

做法

将干百合花和西洋参片放入杯中，冲入沸水，闷泡10分钟后即可饮用，可多次冲泡。

好喝指数 ★★★★☆

百合花有润肺、清火、安神宁心的功效，用于燥火咳嗽、夜寐不安。

西洋参也叫花旗参，有补气养阴、清热生津的作用，用于缓解精力不足、内热烦渴等症状。

爱心叮咛

💜 百合花清火安神，西洋参凉补气血。此茶可益气补虚、养阴宁神，适合因备考压力大、学习时间长所致的倦怠乏力、精神萎靡不振、烦躁失眠、心神不安、口干咽痛者饮用。

💜 脾胃寒湿者不宜多饮。

好喝指数 ★★★★☆

薄荷奶茶

功效

清凉舒爽，振作精神，用于防治紧张头痛、身心疲惫、精力不足。

材料

干薄荷3克，牛奶250毫升。

做法

将牛奶倒入杯中，加热至温热，加入薄荷叶，浸泡10分钟后饮用。

爱心叮咛

💙 薄荷可疏风散热、提神醒脑、疏解郁闷，牛奶能补益虚损、改善营养。此饮适合身心疲惫、紧张头痛、心情烦闷、食欲不振者饮用。

💙 此茶最宜备考学生作为日常早餐饮用，让一天的精神状态更好。

💙 表虚多汗者不宜多用薄荷，易肠胃胀气者不宜多饮牛奶。

对于备考学生来说，牛奶及乳制品是每天必需的营养来源，对补充体力、缓解疲劳非常有益。为了保证营养，学生应选择全脂牛奶。

核桃
热可可茶

好喝指数 ★★★★★

功效

健脑益智，愉悦心情，缓解头痛、焦虑、疲劳等。

材料

核桃仁25克，可可粉10克。

做法

将核桃仁研成粉，与可可粉一起放入杯中，冲入沸水，搅拌均匀后趁热饮用。

可可粉含有温和的兴奋类物质，可刺激大脑产生血清素和内啡肽，令人精神振奋，感觉舒适，热饮效果才好。

爱心叮咛

♥ 此饮可使人产生欣快感，赶走不良情绪，愉悦身心，缓解压力，并能补充热量，增加营养，醒脑益智，适合因长时间学习所致倦怠乏力、精神萎靡、紧张头痛、情绪低落、饮食减少者饮用。

♥ 脂多肥胖、肠滑腹泻者不宜多饮。

图书在版编目（CIP）数据

喝妈妈配的花草茶让好孩子身体棒 / 余瀛鳌，陈思燕编著 . —北京：
中国中医药出版社，2018.4
（一家人的小食方丛书）
ISBN 978 – 7 – 5132 – 4710 – 8

Ⅰ . ①喝… Ⅱ . ①余… ②陈… Ⅲ . ①保健 – 茶谱
Ⅳ . ① TS272.5

中国版本图书馆 CIP 数据核字（2017）第 311788 号

中国中医药出版社出版

北京市朝阳区北三环东路 28 号易亨大厦 16 层
邮政编码 100013
传真 010-64405750
山东临沂新华印刷物流集团有限责任公司印刷
各地新华书店经销

开本 710×1000 1/16 印张 13 字数 168 千字
2018 年 4 月第 1 版 2018 年 4 月第 1 次印刷
书号 ISBN 978 – 7 – 5132 – 4710 – 8

定价 48.00 元
网址 www.cptcm.com

社长热线 010-64405720
购书热线 010-89535836
维权打假 010-64405753

微信服务号 zgzyycbs
微商城网址 https：//kdt.im/LIdUGr
官 方 微 博 http：//e.weibo.com/cptcm
天猫旗舰店网址 https：//zgzyycbs.tmall.com

如有印装质量问题请与本社出版部联系（010-64405510）

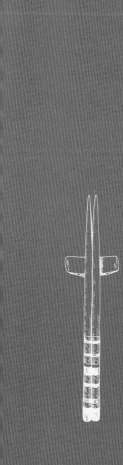

降压控压

降糖降脂

养 心 安 神

滋 阴 润 肺

养肝护肝

补肾益肾

补益五脏篇

调理脾胃

Contents | 目录

在中医养生中一直占有重要的地位。

当今社会物质极大丰富，大众生活早已超越了"民以食为天"的温饱阶段，如何吃得科学、吃得健康，成为国人格外关注的话题。《养生堂之养生厨房》，就是教大众怎样"食宜"，如何更好地"存生"，把精深的中医学知识转化为通俗易懂的健康道理，让百姓"看得懂、学得会、用得上"。

《养生堂之养生厨房：天天养生菜》从几千期节目中精选出 365 道养生菜品，针对不同体质、不同症状，介绍相应的食疗菜品，为日常对症食疗做出指导。读者可根据自己的身体特点，寓养于食，一年 365 天，每天一道养生菜，天天不重样，既可在三餐中尽享美味，又可时时保健强身，防抗疾病。

"献给亲人的爱"是《养生堂》始终不变的信念，它以浅显易懂的方式，传递最实用的养生知识，把健康送给您和您的家人。

北京电视台《养生堂》栏目组

前言

北京卫视《养生堂》是中国电视健康品牌栏目，开播十余年来，以权威性、科学性、服务性和普及性的栏目特点，已成为我国最大的健康养生普及课堂，影响、引领着亿万国人的健康观念和生活方式，为推进"健康中国"的国家战略发挥着积极作用。

每期《养生堂》的最后是《养生厨房》时间，每期会播出一道养生菜，由营养专家详细介绍其养生功效，并一一列举食材，指导烹调方法，为大家介绍吃什么、如何吃，才能更健康、更养生。

医食同源是中医养生文化的一个鲜明特色，食物不仅能提供日常所需的营养，同时也是去病的良药。自古以来，我国就有"食用、食养、食疗、食忌"之说。早在《黄帝内经》中就已论及"不治已病治未病"，以"五谷""五果""五畜""五菜"恰当搭配日常饮食，能够达到蓄精益气、预防疾病、延年健身的目的。

唐代医家孙思邈在《千金方·食治》中提出："不知食宜者，不足以存生也"；"夫为医者，当须先洞晓病源，知其所犯，以食治之，食疗不愈，然后命药"。事实正如此，日常饮食之物，大都有养生和防治疾病的功效，如大枣、芝麻、薏苡仁、蜂蜜、山药、莲子、百合、菌类等；而各类中药的原料，也多为可食用的天然植物、动物。李时珍的《本草纲目》收载了谷物、蔬菜、水果类药物300余种，动物类药物400余种，皆可供食疗使用。普通的食物却有着不普通的养生功效，蕴涵着养生的智慧，食疗养生

图书在版编目（CIP）数据

养生堂之养生厨房. 天天养生菜/北京电视台《养
生堂》栏目组著. —北京：化学工业出版社，2021.1（2021.9重印）
ISBN 978-7-122-37880-4

Ⅰ. ①养… Ⅱ. ①北… Ⅲ. ①家常菜肴-食物
养生-菜谱 Ⅳ. ①R247.1 ②TS972.161

中国版本图书馆CIP数据核字（2020）第192980号

责任编辑：王冬军 葛亚丽 张 盼 李 倩   装帧设计：红杉林文化
责任校对：刘 颖

出版发行：化学工业出版社（北京市东城区青年湖南街13号 邮政编码100011）
印   装：凯德印刷（天津）有限公司
710mm×1000mm 1/16 印张24 字数450千字 2021年9月北京第1版第2次印刷

购书咨询：010-64518888   售后服务：010-64518899
网   址：http://www.cip.com.cn
凡购买本书，如有缺损质量问题，本社销售中心负责调换。

定   价：69.80元

BTV 北京卫视

北京卫视品牌栏目《养生堂》官方授权

之养生厨房

天天养生菜

北京电视台《养生堂》栏目组 著

U0307423

化学工业出版社

·北京·